Hans-Dietrich Reckhaus

Warum jede Fliege zählt

Wert und Bedrohung von Insekten

4., komplett überarbeitete Auflage

Der Autor

Dr. Hans-Dietrich Reckhaus absolvierte an der Universität St. Gallen ein betriebswirtschaftliches Studium, das er 1993 mit der Promotion zum Dr. oec. abschloss. Seit 1995 leitet er die Reckhaus GmbH & Co. KG in Bielefeld in zweiter Generation als geschäftsführender Gesellschafter. Mit dem 2012 lancierten Gütezeichen «Insect Respect» strebt Reckhaus eine nachhaltige Transformation seiner Branche an. Dafür erhielt er 2014 den deutschen Vordenker-Preis, 2015 den Schweizer Ethikpreis und 2017 den Preis der Bertelsmann Stiftung «Mein gutes Beispiel». Auslöser für den Unternehmenswandel und das weltweit einzigartige Ausgleichsmodell war der Dialog mit den Schweizer Konzeptkünstlern Frank und Patrik Riklin. Sie initiierten die Gegenbewegung «retten statt töten» und setzten 2012 gemeinsam mit Hans-Dietrich Reckhaus die Aktion «Fliegen retten» um. Der Unternehmer referiert und publiziert regelmässig zu Fragen der KMU-Führung und Nachhaltigkeit. Er ist verheiratet und Vater von drei Kindern.

Das Unternehmen

Die Firma Reckhaus ist seit über 60 Jahren auf die Entwicklung und Herstellung von Produkten zur Insektenbekämpfung spezialisiert. Das Unternehmen ist in Deutschland (Reckhaus GmbH & Co. KG, Bielefeld) und der Schweiz (Reckhaus AG, Gais) ansässig.

Das Gütezeichen

Insect Respect ist weltweit erste Gütezeichen für ein neues Verständnis im Umgang mit Insekten. Das Label steht für Reduzierung, Ökologisierung und Kompensation von Insektenbekämpfung. Auf Basis eines wissenschaftlichen Modells werden die Schäden berechnet, die ein Biozid verursacht. Anschliessend werden mit „insektenfreundlichen Lebensräumen" Kompensationsflächen errichtet, um einen Ausgleich zu schaffen und gleichzeitig die Biodiversität in versiegelten Siedlungsgebieten zu fördern. Damit künftig weniger Biozide eingesetzt werden, sensibilisiert Insect Respect mit umfangreichen Massnahmen, z.B. Veranstaltungen, Publikationen, Ausstellungen, Vorträgen, Forschung und Vernetzung bereits engagierter Akteure als «Lobby für Insekten».

Impressum

Reckhaus GmbH & Co. KG
D-33689 Bielefeld

Reckhaus AG
CH-9056 Gais

kontakt@insect-respect.org
www.insect-respect.org
www.fliegenretten.de
www.reckhaus.com

Lektorat: Tina Teucher
4., komplett überarbeitete Auflage
© 2016, 2019 Hans-Dietrich Reckhaus. ISBN 978-3-033-07049-3

Inhaltsverzeichnis

Vorwort

Insekten! Und dann noch Fliegen. Wer braucht die schon? In unserer aufgeräumten Welt möchte man eigentlich nur das herumfliegen sehen, was uns entweder sympathisch (Marienkäfer) oder schön (Schmetterlinge) erscheint. Und was uns bitte ja nicht gefährdet. Natürlich mögen wir auch Bienen gerne – wahrscheinlich, weil der Honig so süss ist, und wir ja auch wissen, dass es ohne Bienen kaum Früchte oder Gemüse geben würde.

Die häufigsten Konflikte zwischen Mensch und Insekt entstehen in der Landwirtschaft. Meistens ist dann noch ein drittes Subjekt im Spiel: unsere Nutzpflanzen oder Nutztiere. Diese Konflikte wurden und werden leider immer noch mit der Chemiekeule gelöst. Man spritzt ein Gift – und schwups, liegen alle Schädlinge auf dem Rücken. So einfach scheint es, seit man das Insektizid DDT erfunden hat – und später weitere, immer schlimmere Varianten von immer stärkeren Giften. Es stellt sich die Frage: Warum kann man nicht dauerhaft dasselbe Gift einsetzen? Das müsste doch billiger sein, als ständig neue Produkte zu entwickeln und zu vermarkten. Doch Insekten haben es in sich! Sie können diesen Giften ausweichen oder die chemische Dusche aushalten, so dass jedes Mal mindestens ein paar wenige von ihnen ganz fröhlich weiterleben. Und so richten sie in der Landwirtschaft weiter Schäden an, belästigen die Menschen oder infizieren sie mit Krankheiten.

Es fehlt nach wie vor an Beobachtung. Und es fehlt vor allem am Lernen von der Natur. Wir haben die Natur stark verändert: Wir dringen in Gegenden ein, in denen die Insekten Könige sind. Wir wandeln ganze Landschaften um, um doppelt so viele, billige, meist nährstoffarme Lebensmittel mit viel Chemie zu produzieren – wovon wir dann die Hälfte verschwenden. Von diesem menschlichen Verhalten sind alle Insekten – Nützlinge und Schädlinge – betroffen. Statt das System zu untersuchen und herauszufinden, wie man es ohne Chemie optimieren oder neu aufbauen kann, nehmen wir den einfachen und schnellen Weg. Die Konsequenzen dieses Vorgehens überlassen wir den nächsten Generationen.

Wir brauchen mehr Systemdenken, mehr Verständnis dafür, dass alles mit allem verbunden ist, und dass Eingriffe wie z.B. Insektizide gegen Pflanzenschädlinge nur eine höchst temporäre Lösung sind. Denn damit versucht man nicht die Ursache des Schädlingsbefalls zu verstehen, sondern behandelt einfach das Symptom. Das geht eine Weile gut. Doch die Rache dieser kleinen Lebewesen kommt gewaltig und rasant. Es gibt heute sehr viele gute Beispiele, dass es auch anders geht. Unsere Bio-Bauern produzieren ja auch viel und in guter Qualität. Sie bekämpfen die Natur eben nicht, sondern sie wissen ihre Unterstützung zu nutzen.

Gerade weil die Öffentlichkeit Insekten eher scheut – viele Menschen haben sogar Phobien – war es höchste Zeit für ein solches Buch über Insekten. Ein Buch, das klarmacht, dass ohne diese kleinen Sechsbeiner (Insekten; die Spinnen haben acht Beine) nach kurzer Zeit mit den Menschen Schluss wäre. Wie lange das dauern würde? Darüber streiten sich die Experten. Es spielt aber eigentlich keine Rolle. Wichtig ist: Ohne sie geht es eben nicht.

Dr. Hans-Dietrich Reckhaus hat verstanden, dass die Insekten ein essentieller Teil unserer Biosphäre sind. Wenn wir uns schon manchmal gegen Schäden und Plagen schützen müssen, sollten wir dabei umweltschonend vorgehen. Es wird uns allen in Zukunft besser gehen, wenn wir zudem proaktiv die Nützlinge und im weiteren Sinne die Ökosysteme mit ihren Dienstleistungen fördern. In diesem aussergewöhnlichen und unterhaltsamen Buch finden sich dafür unzählige sehr spannende und wissenschaftlich basierte Beispiele sowie gute Gründe, nach naturverträglichen Alternativen in unserem Umgang mit Insekten zu suchen.

Dr. Hans Rudolf Herren,
Träger des Right Livelihood Award («Alternativer Nobelpreis») 2013
und des Welternährungspreises 1995; Präsident Biovision Stiftung
(Zürich) und Millennium Institute (Washington)

Einleitung

Die Bartmücken sind wunderbare Insekten. Die Tiere sind so winzig und einmalig geformt, dass sie die kleinen und engen Blüten des Kakaobaumes besonders gut bestäuben können. Ohne sie gäbe es viel weniger Schokolade. Andere Insekten verbinden wir eher mit den Schäden, die sie anrichten. Mücken und Wespen stechen uns. Mottenlarven schädigen Textilien und verunreinigen Lebensmittel. Ameisen untergraben unsere Wege und Fliegen sind einfach nur lästig.

Wir erleben die Tiere als tägliche Gegenspieler, deren Zahl offenbar sogar zunimmt. Vor allem fremde Arten, die durch den internationalen Warenverkehr und den Tourismus eingeschleppt werden, richten erhebliche Schäden an. Die exotischen Insekten fühlen sich aufgrund der Klimaerwärmung wohl und können sich wegen fehlender natürlicher Feinde schnell vermehren. So wurde z.B. die Asiatische Tigermücke in den letzten Jahrzehnten über Warentransporte nach Europa und Nordamerika eingeführt, wo sie sich mittlerweile etablieren konnte und gefährliche Fieberkrankheiten überträgt.

Trotz der Bedrohung durch die kleinen Lebewesen sagt der namhafte amerikanische Insektenforscher Edward Wilson: Ohne Insekten würden wir Menschen nur wenige Monate überleben.[1] Sie haben einen viel grösseren Nutzen als wir vermuten. So geht z.B. ein Drittel aller Lebensmittel auf ihre Bestäubung zurück.[2] Ein Abendessen wäre eintönig, denn es bestünde fast nur noch aus Brot: Ohne die Insektenbestäubung gäbe es weder Salat, Gurke und Tomate, noch Käse und Wurst oder Fleisch von Rindern. Diese ernähren sich nämlich am liebsten von Luzerne und Klee, die wiederum auf Insekten angewiesen sind.[3]

Mit über einer Million bekannten Arten sind die Insekten die mit Abstand grösste Tierklasse der Welt.[4] Die sechsbeinigen Lebewesen gehören wie die Tausendfüsser, die Krebstiere und die Spinnen zu den Gliederfüssern (Arthropoden), die 80 Prozent aller auf der Welt lebenden Tiere repräsentieren. In der Vergangenheit dominierten die Insekten, und zwar schon vor über 400 Millionen Jahren.[5]

*«Der Mensch ist ein Neuling unter diesen sechsbeinigen Massen...
und seine Herrschaft über den Planeten ist sehr fragil. Die Insekten können ohne uns gedeihen, wir und die meisten terrestrischen Organismen hingegen würden ohne sie zugrunde gehen».*[6]

Wie steht es tatsächlich um unser Verhältnis zu den Insekten? Sind sie eher nützlich oder schädlich? Welche Rolle spielen sie in der Welt? Wie wichtig sind sie für uns? Wie wirkt sich der Klimawandel aus: Wird ihre Zahl aufgrund der globalen Erwärmung weiter zunehmen?

Dieses Buch soll einen aktuellen Überblick über das Verhältnis zwischen Mensch und Insekt bieten. Es diskutiert die nützlichen und schädlichen Wirkungen der Insekten und weiterer Arthropoden und setzt sich mit ihrer Bestandsentwicklung auseinander. Vor allem aber möchte es die Leser einladen, den Blick für den Wert dieser Lebewesen zu öffnen: Ob jede Fliege zählt, darüber lässt sich diskutieren. Doch jedes Insekt nimmt seinen Platz in natürlichen Kreisläufen, Biotopen und Nahrungsketten ein und ist damit ein wichtiger Teil der Biodiversität.

Die vorliegende 4. Auflage wurde umfangreich überarbeitet und ergänzt: Vor allem im Kapitel 3 sind Informationen, Abbildungen und Tabellen zur Entwicklung der Insekten hinzugekommen. Ebenso sind das Glossar und das Verzeichnis der Insekten gewachsen.

1 Insekten als Nützlinge

Der Nutzen, den Insekten für die Natur und den Menschen stiften, ist ebenso vielseitig wie unschätzbar. Insekten bestäuben Pflanzen und ermöglichen so überhaupt erst viele Kreisläufe in unserem Ökosystem. Sie sind Wachstumsbeschleuniger und tragen essentiell zu der uns bekannten Vielfalt von Arten und Lebensräumen bei.

Insekten sind die Hauptnahrung für viele Tiere. Vor allem Vögel, Amphibien, Reptilien, Säugetiere und Süsswasserfische kommen ohne sie nicht aus. Somit spielen Insekten eine Schlüsselrolle für zahlreiche Nahrungsketten.

Für den Menschen produzieren Insekten wichtige Lebensmittel und helfen bei der Hygiene. Sie unterstützen uns sogar im Kampf gegen sie selbst und fördern darüber hinaus unsere Wirtschaft und unsere Gesellschaft mit zahlrichenden Dienstleistungen.

1.1 Insekten bestäuben Pflanzen

«Blütenbestäubung ist, indem sie das Leben von Pflanzen und Tieren verbindet, die bedeutendste Schlüsselfunktion in allen terrestrischen Ökosystemen.»[7]

1.1.1 Die Bestäubung

Bei den Pflanzen unterscheidet man grundsätzlich drei Gruppen: die Moose (26.000 Arten) und Farne (12.000 Arten) sowie die Blütenpflanzen (über 226.000 Arten)[8]. Letztere werden aufgrund der Bestäubungsmöglichkeit auch Samenpflanzen genannt[9]. Der Blütenstaub gelangt entweder auf die offenliegende, «nackte» Samenanlage (Nacktsamer, 800 Arten) oder auf die geschützte, «bedeckte» Narbe der Fruchtblätter (Bedecktsamer, knapp 226.000 Arten). Zu den Nacktsamern gehören z.B. Nadelgewächse wie Nadelbäume, zu den Bedecktsamern zählen z.B. Laubbäume, Gräser und andere Blütenpflanzen.

Pflanzen mit zwittrigen Blüten können sich selbst bestäuben. Die Fremdbestäubung (Xenogamie) ist jedoch immer erfolgreicher. Sie kann durch Wasser, Wind und Tiere erfolgen. Bei der Windbestäubung kann der Pollen mehrere 100 Kilometer von der Ursprungspflanze verteilt werden.[10] Dies jedoch nur bei trockenem Wetter, da bei Feuchtigkeit die Pollenkörner schnell zusammenkleben und damit zu schwer werden.[11] Schliesslich muss für eine erfolgreiche Windbestäubung sehr viel Pollen vorhanden sein, damit dieser sich auf die offenliegenden Staubblätter und Narben absetzen kann.

Die Abbildung 1 verdeutlicht die Wirkung der unterschiedlichen Bestäubungsarten: Links eine Erdbeere, die von Insekten fremdbestäubt wurde. In der Mitte eine Erdbeere, die sich selbst bestäuben musste und rechts eine selbstbestäubte Frucht, die zusätzlich durch Wind fremdbestäubt wurde. Die volle Frucht ist nur durch die Fremdbestäubung von Insekten möglich.[12] Auch der Anbau vieler anderer Obst- und Gemüsesorten ist von der Insektenbestäubung abhängig (vgl. Abb. 2 und 3).

Nachstehend wollen wir uns auf die Bedecktsamer konzentrieren, die mit einem Anteil von über 85 Prozent die grösste Klasse aller Pflanzen bilden.[13] Bedecktsamer locken Tiere mit Duftstoffen und Farben an. Die Tiere, meistens Insekten, kriechen in die Blüte, um an den am Blütengrund produzierten Nektar zu gelangen. Dabei bleiben Pollen am Körper der Insekten hängen, die so zur nächsten Pflanze transportiert werden. Auf der Suche nach weiterer Nahrung kriechen die Insekten wiederum bis zum Grund der nächsten Blüte. Dadurch geschieht die Bestäubung (Pollination): Der Pollen bleibt am klebrigen Fruchtknoten hängen.

Um an die weibliche, tief in der Blüte sitzende Samenanlage zu gelangen, bildet der auf dem Fruchtknoten sitzende Pollen einen Schlauch. Dieser wächst durch die Narbe und den Griffel und gibt beim Erreichen der Samenanlage die Spermazelle frei. Die Befruchtung findet durch die Verschmelzung der Spermazelle mit der vorhandenen Eizelle statt (Zygote).

Aus der Zygote entsteht der Samen, der Fruchtknoten entwickelt sich zur Frucht und die Blütenblätter fallen ab. Neues Pflanzenwachstum

Abb. 1: Fruchtentwicklung in Abhängigkeit der Bestäubungsart.
(Bild: © Kristin Marie Krewenka)

Abb. 2: Obst und Gemüse sind oft auf die Insektenbestäubung angewiesen.
(Bild: © Stefanie Salzer-Deckert)

Abb. 3: Kakao gäbe es nicht ohne die Bestäubung der Bartmücken.
(Bild: © Tim Reckmann / pixelio.de)

ergibt sich, wenn der Samen reif ist und verbreitet wird: Die Frucht fällt dann ab oder Tiere fressen davon und scheiden später den Samen mit ihrem Kot an einer anderen Stelle aus.

Die Vorgänge der Bestäubung und Befruchtung sind deswegen so erfolgreich, weil sich Pflanzen und Tiere im Zeitverlauf aneinander angepasst haben. Voraussetzung für eine erfolgreiche Befruchtung ist das Empfangen einer geeigneten Spermazelle, also einer Zelle von einer Pflanze der gleichen Art. Aufgrund ihres artspezifischen Aufbaus der Blüten bilden die Pflanzen sehr heterogene Anordnungen der mit Pollen gefüllten Staubbeutel, Stempel und Blütenböden. Nicht jedes Insekt kann jede Pflanze bestäuben bzw. an den Nektar gelangen. So locken die Pflanzen diejenigen Insekten an, die es aufgrund ihrer Anatomie schaffen, einerseits mit ihrem Körper an die Staubbeutel zu gelangen und andererseits die Pollen auf dem Stempel der nächsten Pflanze der gleichen Art abzustreifen.

Die Pflanzen spezialisieren sich bei der Lockwirkung für Bestäuber auf artspezifische Farben und Gerüche und differenzieren sich so von anderen Pflanzen. Das Ergebnis ist, dass die Tiere immer die gleichen Pflanzen bevorzugen und als blütenstet gelten, wie die Beispiele in Abbildung 4 zeigen:[14]

- Die Kartäusernelke zieht vor allem Tagfalter an, die einen besonders langen und dünnen Saugrüssel haben. Keine andere Gruppe von Insektenfamilien könnte die lang gestreckte und enge Blütenröhre der Pflanze durchdringen.

- Hummeln haben beissend-kauende Mundwerkzeuge mit der Fähigkeit zu lecken. Sie sind im Vergleich zu anderen Insekten sehr gross und benötigen einen entsprechenden Landeplatz. Die breite Blütenform der Goldnessel ist darauf bestens angepasst.

- Bienen dagegen haben kurze Mundwerkzeuge. Der Schlehdorn bietet einen guten Landeplatz und einen nur wenig eingesenkten Blütenboden.

- Fliegen werden besonders von schlechten Gerüchen angezogen. Diesen Umstand nutzt der Bärenklau, der aasähnliche Düfte ausströmt,

Tagfalter und Kartäusernelken

Hummeln und Goldnesseln

Bienen und Schlehdorn

Fliegen und Bärenklau

Abb. 4: Unterschiedliche Blüten und deren Bestäuber.
(Bilder: Zeichnungen © Klett; Pflanzen v.o.n.u.: CC by anro, free photos, Maja Dumat, Matt Lavin / all by flickr.com)

damit die Insekten mit den kurzen Mundwerkzeugen seine flachen Blütenteller aufsuchen.

Aufgrund der spezifischen Beziehung zwischen einzelnen Pflanzen und einzelnen Bestäubern spricht man z.b. von Bienenblumen, Tagfalterblumen, Nachtfalterblumen, Vogelblumen, Käferblumen und Fliegenblumen.[15]

Einige Pflanzen unterstützen intensiv die Prozesse der Bestäubung und der Befruchtung. Der mit Pollen gefüllte, querliegende Staubbeutel der Lupine ist z.b. so angelegt, dass er sich aufgrund einer kleinen, nach oben gerichteten Öffnung leert, wenn ein Insekt auf ihm sitzt. Das Insekt wird dabei regelrecht mit Pollen beschossen. Die weitläufigen, liegenden Staubblätter des Sauerdorns hingegen richten sich auf, wenn ein Insekt ihre Ansatzstelle berührt. Die Insekten werden umschlungen und dadurch mit Pollen getränkt.

Eindrücklich wirkt auch der Aronstab, der mit kot- und aasähnlichen Gerüchen Fliegen und Käfer anlockt. Aufgrund seiner glatten Wände fallen die Tiere von der hochstehenden Blüte tief zum Blütenboden. Ein bis zwei Tage hält die Pflanze die Insekten fest. So wird sichergestellt, dass die mitgebrachten Pollen auch tatsächlich die Narbe des Stempels erreicht haben. Schliesslich werden die eigenen Pollenbeutel geöffnet und die Insekten eingestäubt. Die Sperrborsten, die ein Entrinnen der Insekten verhindert haben, verwelken und geben den Weg frei.

1.1.2 Pflanzen und ihre Bestäuber

Die zum überwiegenden Teil von Insekten bestäubten Bedecktsamer werden gemäss der Keimblätter in die einkeimblättrigen (50.000 Arten) und in die zweikeimblättrigen (über 200.000 Arten) Pflanzen unterteilt.

Zu den einkeimblättrigen Pflanzen zählen:[16]

- Süssgräser, wie z.B. Roggen, Weizen, Hafer, Gerste, Reis, Mais, Zuckerrohr. Sie verbreiten ihre Pollen grösstenteils durch Wind.
- Bananengewächse, für deren Bestäubung Tiere wie z.B. Fledermäuse und Kolibris verantwortlich sind.

- Liliengewächse, wie z.B. Tulpen, Spargel, Schnittlauch, Porree, Knoblauch, Küchenzwiebel und Graslilie. Sie werden meist von Insekten bestäubt.

Zu den mehrheitlich von Insekten bestäubten zweikeimblättrigen Pflanzen gehören:

- Kreuzblütengewächse, wie z.B.: Kohl, Rettich, Raps, Senf, Kresse, Meerrettich

- Schmetterlingsblütengewächse, wie z.B.: Robinie, Ginster, Lupine, Erbse, Klee, Bohne und Linse

- Lippenblütengewächse, wie z.B.: Majoran, Bohnenkraut, Pfefferminze, Thymian, Salbei und Lavendel

- Doldengewächse, wie z.B.: Petersilie, Dill, Fenchel, Kümmel, Möhre und Sellerie

- Rosengewächse, wie z.B.: Rose, Fingerkraut, Erdbeere, Himbeere, Brombeere, Birne, Apfel, Pflaume und Kirsche

- Korbblütengewächse, wie z.B.: Aster, Margerite, Salat, Sonnenblume, Kamille, Löwenzahn und Schafgarbe

Zusätzlich sind als weitere Familie der bedecktsamigen Pflanzen die Nachtschattengewächse zu nennen, zu deren bekannten Arten z.B. Kartoffeln, Tomaten, Kürbisgewächse und Tabak zählen.

90% aller Pflanzenarten weltweit werden von Insekten bestäubt, rund acht Prozent durch Wind und weniger als ein Prozent von Wirbeltieren (vgl. Tab. 1). Die wichtigen Nahrungspflanzen Reis, Mais, Raps und Getreide gedeihen durch den windgetriebenen Pollentransport[17], die meisten anderen Lebensmittel dagegen kommen ohne die sechsbeinigen Arthropoden nicht aus[18]: Von den rund 100 weltweit wichtigsten Nahrungspflanzen benötigen 75% die tierische Bestäubung. Werden jedoch die tatsächlichen Produktionsmengen betrachtet, so sind nur 35% der wichtigsten Nahrungsmittel auf die Bestäubung durch Tiere angewiesen.

15

Pollenüber-träger	Blütenpflan-zenarten	Prozentualer Anteil der u.a. durch diesen Pollen-überträger bestäubten Blütenpflanzenarten
Wind	20'000	8.3%
Wasser	150	0.63%
Bienen	40'000	16.6%
Falter	19'310	8%
Fliegen	14'126	5.9%
Käfer	211'935	88.3%
Wirbeltiere	1'221	0.51%
Vögel	923	0.4%
Fledermäuse	165	0.07%

Tab. 1: Anteil verschiedener Pollenüberträger[19]

Auch wenn die Käfer 88% aller Pflanzen besuchen, so ist ihre Funktion des Pollentransportes und damit die Bedeutung für den Bestäubungs-erfolg eher gering.[20] Das für Nutzpflanzen bedeutendste Insekt ist die Europäische Honigbiene (*Apis mellifera*).[21] Zusammen mit anderen Honigbienen und Wildbienen (25.000 bis 30.000 Arten) bestäubt sie die meisten Pflanzen.[22] Die Bienen sind besonders effizient. Keine andere Art kann soviel Pollen pro Blütenbesuch deponieren.[23]

Obwohl die meisten anderen Insekten die Pflanzen öfter besuchen als die Bienen, schaffen die gelbschwarzen Flieger ca. 50% der gesam-ten Bestäubungsleistung aller Insekten.[24] Die andere Hälfte wird von Fliegen (150.000 Arten) sowie von Schmetterlingen, Motten, Käfern, Ameisen, Wespen und Mücken geleistet. Die Blüten des Kakaobaums stehen beispielsweise so eng, dass nur die kleinen Bartmücken (Cera-topogonidae) sie bestäuben können.[25] Aber auch Wirbeltiere wie Fledermäuse und nicht-fliegende Säugetiere wie Affen, Ratten, Eich-hörnchen und diverse Bärenarten wie z.B. Nasenbären und Vögel wie Kolibris, Nektarvögel aus der Gruppe der Sperlinge sowie einzelne Papageienarten übertragen Pollen auf andere Pflanzen.[26] So wird z.B. die in den Tropen wichtige und weit verbreitete Futter- und Heil-pflanze der Juckbohnen (Feijoa) ausschliesslich von Vögeln bestäubt. Der in Asien wegen seiner Frucht geschätzte Durianbaum kann sich mit der Bestäubungshilfe von Fledermäusen vermehren.

Die nachstehende Tabelle 2 zeigt Nahrungs- und Futterpflanzen, die besonders von der Insektenbestäubung abhängen. Früchte wie beispielsweise Äpfel, Mango und Melonen könnten sich ohne Insekten nicht entwickeln.

Frucht	Latein. Name	Hauptbestäuber	Abhängig von Insekten
Apfel	*Malus domestica*	Dunkle Europäische Honigbiene (*Apis mellifera*), Östliche Honigbiene (*Apis cerana*), Sandbienen (Andrena spp.), Hummeln (Bombus spp.), Mauerbienen (Osmla spp.)	80-100%
Kokosnuss	*Cocos nucifera*	Dunkle Europäische Honigbiene (*Apis mellifera*), Östliche Honigbiene (*Apis cerana*), Ameisen (Formicidae)	10-40%
Kaffee	*Coffea Arabica*	Dunkle Europäische Honigbiene (*Apis mellifera*), Östliche Honigbiene (*Apis cerana*)	20-40%
Traube	*Vitis vinifera*	Dunkle Europäische Honigbiene (*Apis mellifera*), Östliche Honigbiene (*Apis cerana*)	0-10%
Orange	*Citrus spp.*	Dunkle Europäische Honigbiene (*Apis mellifera*), Östliche Honigbiene (*Apis cerana*), *Vespa magnifica*, Orientalische Hornisse (*Vespa orientalis*), *Aulacophora foveicollis*, Stubenfliege (*Musca domestica*)	10-30%
Mango	*Mangifera indica*	Dunkle Europäische Honigbiene (*Apis mellifera*), Östliche Honigbiene (*Apis cerana*)	80-100%
Honigmelone	*Cucumis melo*	Dunkle Europäische Honigbiene (*Apis mellifera*), Östliche Honigbiene (*Apis cerana*), Schmal- und Furchenbienen (*Halictidae lassioglossum*)	80-100%
Gurken	*Cucumis sativus*	Dunkle Europäische Honigbiene (*Apis mellifera*), Östliche Honigbiene (*Apis cerana*), Marienkäfer (Coccinella spp.), *Aulacophora foveicollis*	50-90%
Ölpalmenfrucht	*Elaeis guineensis*	verschiedene	0-10%

Frucht	Latein. Name	Hauptbestäuber	Abhängig von Insekten
Zwiebel + Schalotten (Samenproduktion)	*Allium cepa*	Dunkle Europäische Honigbiene (*Apis mellifera*), Östliche Honigbiene (*Apis cerana*), Schwebfliege (*Milesia semiluctifer*), Halictidae spp., Mistbiene (*Eristalis tenax*)	90-100%
Erdnüsse	*Arachis hypogea*	Dunkle Europäische Honigbiene (*Apis mellifera*), Östliche Honigbiene (*Apis cerana*)	10
Kürbis	*Cucurbita spp.*	*Peponapis pruinosa, Halictus tripartitus*	90-100%
Sojabohne	*Glycine max, G. soja*	Dunkle Europäische Honigbiene (*Apis mellifera*), Östliche Honigbiene (*Apis cerana*)	10-40%
Baumwolle	*Gossypium spp.*	verschiedene	20-30%
Sonnenblume	*Helianthus annuus*	Dunkle Europäische Honigbiene (*Apis mellifera*), Östliche Honigbiene (*Apis cerana*), Hummeln (Bombus spp.), Eucerini	50-100%
Raps	*Brassica napus oleifera*	Dunkle Europäische Honigbiene (*Apis mellifera*), Östliche Honigbiene (*Apis cerana*), Marienkäfer (Coccinella spp.), Hummeln (Bombus spp.), Schwebfliege (*Milesia semiluctifer*), (Xylocopa spp.)	50-100%
Tomate	*Lycopersicon esculentum*	Halictidae spp. (Feld) Hummeln (Bombus spp.) (Treibhaus & Feld), Dunkle Europäische Honigbiene (*Apis mellifera* & andere spp.)	10-50%
Wassermelone	*Citrullus lanatus*	*Bombus vosnesenskii*, Kalifornien Hummeln (*Bombus californica*), *Peponapis pruinosa*, Halictus spp., Melissodes spp.	70-100%

Tab. 2: Liste der wichtigsten von Insekten abhängigen Feldfrüchte[27]

Die Bestäubungsbeziehungen zwischen einzelnen Pflanzenarten und den Insekten können sehr unterschiedlich sein. Viele Pflanzenarten werden von zahlreichen Tierarten aufgesucht, andere werden nur von einer einzigen Art bestäubt. Bei Wiesen konnte man z.b. feststellen, dass die Blütengäste einer Fläche aus knapp 50% Hautflüglern wie Bienen, Wespen und Ameisen, rund 25% Fliegen, 15% Käfern und 10% Schmetterlinge bestanden.[28] Apfelbäume ziehen ebenfalls viele Insekten an. So wurde z.b. beobachtet, dass folgende Arthropoden die Bäume besuchten (Reihenfolge gemäss ihrem quantitativen Vorkommen):[29]

- Honigbienen
- Hummeln
- Fliegen
- Ameisen
- Käfer
- andere Wildbienen
- andere Insekten
- Wespen

Die weltweit rund 750 Feigenarten dagegen stehen beispielhaft für Pflanzen, die nur von einer Insektenart besucht werden. So wird z.B. die Essfeige (*Ficus carica*) im Mittelmeerraum ausschliesslich von der Feigenwespe *Blastophaga quadriceps* bestäubt. Die Weibchen legen ihre Eier in den engen Eingang der Feigenblüten ab. Die geschlüpften Männchen begatten die jungen Weibchen und fliegen mit Pollen beladen zur nächsten Feige.[30]

Nachstehend werden unterschiedliche pflanzenbestäubende Insektengruppen vorgestellt.

Käfer (Coleoptera)
Käfer besuchen Pflanzen, um sich von Pollen und Nektar zu ernähren. Nur selten kommt es auch zur effektiven Bestäubungsleistung. In tropischen Wäldern konnte jedoch festgestellt werden, dass über 220 Blatthornkäferarten (Cydocephala) rund 900 unterschiedliche Pflanzen bestäuben.[31] In Europa ist z.B. der wichtigste Bestäuber der weit verbreiteten Orchideenart Fuchs` Knabenkraut der Feldahorn-Bock (*Alosterna tabacicolor*). Der Käfer wird von Duftstoffen angezogen.

Anschliessend wird er in eine Position gelockt, in der ein Pollenbehälter (Pollinien), in dem alle Pollen verpackt sind, auf dem Kopf oder auf dem Rückenschild befestigt wird. Den Duftstoffen folgend geht er beladen zur nächsten Orchidee und sorgt so dafür, dass die Pollen zur gleichen Pflanzenart gelangen. Das Knabenkraut wird zwar auch von Bienen und anderen Insekten besucht, aber nur der Feldahorn-Bock hat die ideale Grösse und erhält exklusiv die Pollinien.[32]

Schmetterlinge (Lepidoptera)

Schmetterlinge sind wichtige Bestäuber, weil ihre sie überwiegend nachtaktiv sind (Nachtfalter). Sie bestäuben Pflanzen, die im Dunkeln blühen und daher stark abhängig von den Schmetterlingen sind. Vor allem Nelkengewächse wie z.B. die Kuckucks-Lichtnelke oder Leimkräuter, aber auch Goldlack, Skabiosen, Wasserdost, grosses Flohkraut, Gewöhnliche Goldrute und Minzen profitieren von Schmetterlingen.[33] Zusätzlich sind zu nennen Primelgewächse und engröhrige Enziane.[34]

Hautflügler (Hymenoptera)

Auch zahlreiche Gruppen der Hautflügler bestäuben Pflanzen: z.B. Pflanzenwespen (Symphyta), Legewespen (Hymenoptera, Terebrantia), Faltenwespen (Vespidae), Wegwespen (Pompilidae), Grabwespen (Sphecidae), Stechimmen (Hymenoptera: Aculeata) und Ameisen (Formicidae).[35]

Die wichtigste Bestäubergruppe innerhalb der Hautflügler sind die Bienen (Apidae). Für die Bestäubung sind neben der bekannten Honigbiene auch Blattschneiderbienen, Pelz- und Langhornbienen, Holzbienen und vor allem die Hummeln relevant.[36] Zusätzlich sind Schmal- und Furchenbienen, stachellose Bienen (Meliponini) sowie Prachtbienen (Euglossini) zu nennen, die auch Orchideenbienen genannt werden.[37] Die Hummeln sind ganz besondere Bestäuber. Mit ihrem Flügelschlag können sie Frequenzen erzeugen, die die Blüten vibrieren lassen. Dadurch lösen sich die Pollen und werden von den Insekten aufgenommen (Vibrationsbestäubung).

Folgende Pflanzen werden vorwiegend von Bienen bestäubt:[38]

- Balsaminengewächse wie Balsam
- Braunwurzgewächse, wie z.B. Roter Fingerhut und Echtes Leinkraut
- Enziane
- Erdrauchgewächse wie Lerchensporn
- Hahnenfussgewächse wie Blauer Eisenhut und Rittersporn
- Hülsenfrüchte wie Klee und Wicken
- Kardengewächse wie Skabiosen
- Korbblütler wie Flockenblumen
- Liliengewächse wie Hasenglöckchen
- Lippenblüter wie Taubnessel und Echter Salbei
- Nelken wie Rote Lichtnelke
- Raubblattgewächse wie Ochsenzungen und Beinwell
- Veilchen

Pflanzen, die durch Vibrationen bestäubt werden:

- Mohn
- Nachtschattengewächse wie Bittersüsser Nachtschatten
- Primeln
- Heidekrautgewächse wie Heidelbeeren und Bärentrauben

Ohne Insekten und ihre Bestäubungsleistung gäbe es viele Obst- und Gemüsesorten nicht oder deutlich weniger davon (vgl. Abb. 2). Ohne die Bestäubung der Bartmücke könnte der Kakaobaum keine Früchte tragen, was die Produktion von Schokolade quasi unmöglich machen würde (vgl. Abb. 3). Mangels Insekten wird in manchen Regionen mit der Hand bestäubt. Unternehmen versuchen die Bestäubungsleistung durch patentierte Bestäubungsroboter zu ersetzen.

1.1.3 Fliegen, die unbekannten Bestäuber[39]

Obwohl die Fliegen die zweitwichtigsten Blütenbesucher und Bestäuber weltweit sind[40], werden sie meist nicht als Bestäuber wahrgenommen. Dabei wirken sich ihre besonderen Merkmale im Vergleich zu den Bienen direkt positiv auf die Bestäubungsleistung aus:

- Aufgrund ihrer geringeren Grösse brauchen sie weniger Platz zum Landen und zum Eindringen in die Blüte. So bestäuben Fliegen eine Vielzahl von kleinen, unscheinbaren Pflanzen auf dem Waldboden.

- Fliegen sind nicht so temperatursensibel wie Bienen und bestäuben deswegen vor allem dort Pflanzen, wo Bienen weniger oder gar nicht vorkommen. Beispiele hierfür sind kühle, arktische und alpine Regionen.

- Fliegen benötigen grundlegend weniger Energie als Bienen und können deswegen aktiver sein. Studien zeigen, dass in gewissen Regionen Fliegen mindestens so viele Pflanzen bestäuben wie die Bienen.

In kühleren Regionen bieten Pflanzen den Fliegen sogar einen Wärmeschutz an. Die Blüten haben eine um etwa fünf Grad höhere Temperatur als die Umgebung. Die Fliegen besuchen die Blüte, wärmen sich auf und fliegen direkt zur nächsten Pflanze. Im Ergebnis kommt es so zu einer besonders hohen Bestäubungsleistung.

Fliegen fühlen sich auf und in den grossen Blüten der Pflanzen wohl. Oftmals suchen sie spezifische Pflanzen auf, um sich zu paaren. Als Nebenprodukt erfolgt eine intensive Bestäubung.

Mehr als 100 Früchte sind massgeblich von der Bestäubung der Fliegen abhängig.[41] So werden z.B. die protein- und vitaminreichen Beerenfrüchte der Papayapflanze in Nordamerika hauptsächlich von Dung- und Aasfliegen bestäubt.

Die Schwebfliegen (Syrphidae) gelten neben den Bienen in gemässigten Breiten als die wichtigste Bestäubergruppe.[42] Sie sorgen für die Entwicklung wirtschaftlich relevanter tropischer Früchte wie Mango, Paprika oder Pfeffer. Auch Fenchel, Koriander, Kümmel, Küchenzwiebeln, Petersilie und Karotten gäbe es ohne Fliegen nicht in den uns bekannten Formen und Mengen.

Früchtetragende Pflanzen aus der Familie der Rosen werden zumindest teilweise von Fliegen bestäubt: Äpfel, Birnen, Kirschen, Aprikosen, Erd- und diverse andere Beerenarten. Studien in Europa zeigen, dass Fliegen sogar bis zu 80 Prozent aller Pflanzen aufsuchen.[43]

Die Landwirtschaft nutzt das Bestäubungspotential der Fliegen mittlerweile aktiv: Die Kaisergoldfliege (*Lucilia caesar*) wird kommerziell gezüchtet und zur Pflanzenbestäubung vor allem in Saatzuchtbetrieben eingesetzt.[44] Sie bestäubt vornehmlich Blumenkohl, Kopfsalat, Karotten, Spargel und Zwiebeln. Besonders bestäubungsaktive Fliegen sind auch:[45]

- Bremsen (Tabanidae)
- Verwickelte Fliegen (Nemestrinidae)
- Hummelfliegen (Bombyliidae)
- Blasenkopffliegen (Conopidae)
- Blumenfliegen (Anthomyiidae)
- Echte Fliegen (Muscidae)
- Schmeissfliegen (Calliphoridae)
- Fleischfliegen (Sarcophagidae)
- Raupenfliegen (Tachinidae)

1.1.4 Der Wert der Insektenbestäubung

Zahlreiche Pflanzen sind auf Insekten angewiesen und damit auch die meisten Tiere, die Lebens- und Futtermittelproduktion sowie das gesamte Funktionieren von Ökosystemen.[46] Die Fakten zur Bestäubungsleistung der Insekten belegen dies eindrucksvoll:[47]

- 90 Prozent aller Wildpflanzen weltweit profitieren von Insekten.[48]

- 85 Prozent aller Früchte in Europa werden von Insekten bestäubt.[49]

- 75 Prozent aller Kulturpflanzen weltweit wachsen mit der Unterstützung von Insekten.

- 70 Prozent der 124 wichtigsten Früchte der Welt können ohne Insekten nicht reifen.[50]

- 35 Prozent aller Nutzpflanzen für Lebensmittel weltweit werden von Insekten bestäubt.[51]

Berechnet man den Wert aller Kulturpflanzen, die auf Insekten-bestäubung angewiesen sind, so kann der ökonomische Wert der Bestäubungsleistung mit über 320 Milliarden US-Dollar angegeben werden. Dieser Wert ist in den letzten zwei Jahrzehnten kontinuierlich gestiegen, Anfang der 1990er Jahre betrug er noch knapp 200 Milliarden US-Dollar.[52]

Fragt man sich jedoch, wie viel Aufwand betrieben werden muss, um die Bestäubungsleistung alternativ ohne Insekten zu betreiben, so ist der Wert sehr viel höher. In Südamerika[53] und Asien[54] aber auch in Europa[55] werden bereits aufgrund des Fehlens von Insekten Pflanzen per Hand bestäubt.

Ohne die Bestäubung würde der gesamten Tierwelt ihre Haupt-nahrungsquelle entzogen. Der Tierbestand würde sich erheblich reduzieren, so dass es zu einer starken Verschiebung des ökologi-schen Gleichgewichts käme. Die Folgen und die daraus entstehenden Kosten für den Menschen wären immens, vor allem für die Siche-rung der Lebensmittelversorgung: Nicht nur würden die Preise für viele pflanzliche Lebensmittel steigen.[56] Auch die Herstellungskos-ten für Fleisch und Wurst würden in die Höhe schnellen: Nutztiere wie Rinder, Schafe und Ziegen fressen u.a. Luzerne und Klee – Pflan-zen, die ohne die Bestäubung von Insekten nicht in ausreichenden Mengen verfügbar wären.[57]

In einer Langzeitstudie konnte nachgewiesen werden, dass die land-wirtschaftliche Produktion ohne Insekten zwischen fünf und acht Prozent zurückgehen würde. Dieser Rückgang erscheint nicht dras-tisch, weil die meisten Pflanzen nicht ausschliesslich auf Insekten als Bestäuber angewiesen sind. Nur ca. zehn Prozent der gesamten land-wirtschaftlichen Lebensmittelproduktion sind exklusiv von Insekten abhängig.[58] Die drei wichtigsten Pflanzen Reis, Mais und Weizen sind nicht auf die Bestäubung von Insekten angewiesen.

Zusätzlich muss erwähnt werden, dass die durch Insekten bestäub-ten Pflanzen besonders nährstoff- und vitaminhaltige Lebensmittel hervorbringen. Ein Fernbleiben der Insekten würde sich daher unmittelbar auf unsere Ernährung und Gesundheit auswirken.[59]

Fehlen die Insekten, werden die Pflanzen nicht mehr bestäubt und können sich nicht mehr oder weniger gut vermehren. Damit würden auch die Dienstleistungen fehlen, die Pflanzen für die Umwelt erbringen:[60]

- Nahrung für Insekten, Vögel, Säugetiere usw.
- Beitrag zur Biodiversität
- Hochwasser- und Erosionsschutz
- Klimaregulierung
- Wasserreinigung
- Stickstofffixierung
- Kohlenstoffbindung

Die Bestäubung wirkt sich somit auf die gesamte Umwelt aus. Sie ist eine entscheidende Ökosystemleistung.

1.2 Insekten beschleunigen das Wachstum der Pflanzen

Insekten wirken als Wachstumsbeschleuniger. Sie produzieren Dünger, bauen schädliche Substanzen ab und kultivieren die Böden.

Das Zusammenwirken von Pflanzen, bodengebundenen Tieren und Mikroorganismen fördert massgeblich die biologische Verwitterung der Böden.[61] Die Pflanzen, die zum grossen Teil von Insekten bestäubt werden, dringen mit ihren Wurzeln in Spalten ein und lockern den Boden. Nach der Blüte fallen die Pflanzenblätter und anderes abgestorbenes Material wie Nadeln und Zweige auf den Boden, wo es von Tieren, hauptsächlich Insekten, zerkleinert wird. Das Material wird entweder gefressen oder zum Nestbau eingesetzt (Primärverwerter). Die Exkremente der Erstverwerter werden von Sekundärverwertern aufgenommen und wiederum ausgeschieden. Die mehrmalige Weiterverwertung findet immer tiefer im Boden statt, bis Mikroorganismen und Pilze den finalen Abbau der Materie vornehmen und durch Mineralisierung anorganische Verbindungen entstehen, die wiederum als Nährstoffe für die Pflanzen dienen.

Auf einem Quadratmeter Waldboden wirken in der Regel zwei Millionen Organismen, darunter ca. 50.000 Insekten.[62] Zu den bodengebundenen Insekten gehören vor allem:[63]

- Käfer, wie Laufkäfer, Zwergkäfer und Rüsselkäfer
- Geradflügler, wie Grillen (Maulwurfsgrille)
- Zweiflügler, wie Larven von Schnaken und Mücken
- Hautflügler, wie Wegwespen, Bienen und Ameisen

Den Ameisen kommt bezüglich der Bodenkultivierung eine besondere Rolle zu. Ihre Nester sind mit 500.000 bis 800.000 Tieren relativ gross. Sie lockern und durchlüften die Böden durch den Nestbau, zerkleinern Material, machen es damit zugänglich für kleinere Organismen und scheiden stickstoffreiche Exkremente aus, weil sie sich hauptsächlich von Insekten ernähren. Starke Völker wie z.B. solche der Kleinen Waldameise (*Formica polyctena*) können bis zu 100.000 Insekten pro Tag vertilgen.[64]

Exkremente sind für die Pflanzen der beste Dünger. Man konnte feststellen, dass der Kot von Insekten in Waldböden bis zu fünf Prozent des Kohlenstoffs, Kaliums, Stickstoffs, Natriums und Calciums sowie mehr als acht Prozent des Phosphors ausmacht.[65]

1.3 Insekten stärken die Biodiversität

Nur eine vielgestaltige Natur ist auch eine resistente Natur. Als die mit über einer Million Arten grösste Tierklasse der Welt tragen Insekten massgeblich zur Biodiversität auf unserem Planeten bei.

«Die biologische Vielfalt – der Ökosysteme, Arten und Gene – ist das natürliche Kapital der Erde. Mit lebenswichtigen Gütern und Dienstleistungen wie Nahrungsbereitstellung, CO_2-Abscheidung sowie Meeres- und Wasserregulierung, die die Grundlage für wirtschaftlichen Wohlstand, soziales Wohlbefinden und Lebens-

qualität bilden, ist sie ein wesentliches Element der nachhaltigen Entwicklung. Der Verlust an biologischer Vielfalt stellt neben dem Klimawandel die grösste globale Umweltgefährdung dar und führt zu beträchtlichen Wirtschafts- und Wohlfahrtsverlusten.»[66]

In den letzten Jahrzehnten hat die biologische Vielfalt erheblich abgenommen. Weltweit verschwinden jedes Jahr mehrere Tausend Tier- und Pflanzenarten:[67]

- Von 1970 bis 2006 ist der gesamte Bestand von Wirbeltieren um ein Drittel gesunken.[68]

- Von 1980 bis heute sind die Vogelbestände in Europa um 50 Prozent zurückgegangen.

- Über 40 Prozent aller Vögel sowie aller Amphibien sind gefährdet.

- Ein Viertel aller Pflanzen ist vom Aussterben bedroht.[69]

- Weltweit ist heute knapp ein Drittel der von der Weltnaturschutzunion IUCN ermittelten Arten gefährdet.

In Deutschland sind 26 Prozent der rund 3.000 Farn- und Blütenpflanzen und 36 Prozent der einheimischen Tierarten gefährdet.[70] Von den bewerteten Wirbeltieren stehen sogar 43 Prozent auf der Roten Liste der gefährdeten Arten.[71] Der in Deutschland vom Bundesamt für Naturschutz herausgegebene Indikator für Artenvielfalt zeigt, dass die Artenvielfalt von 1970 bis 2010 um mehr als 35 Prozent abgenommen hat.[72]

Die Geschwindigkeit des in den letzten Jahren eingetretenen Artensterbens übersteigt bei Weitem die natürliche Erhaltungsrate. Die Vereinten Nationen schätzen eine 100- bis sogar 1.000-fache Überhöhung.[73]

Für die notwendige Stärkung der biologischen Vielfalt und damit der Vitalität der Natur spielen die Insekten eine herausragende Rolle. Insekten sind klein, sehr beweglich, vermehren sich schnell, sind besonders anpassungsfähig und können praktisch in jede ökologische

Nische vordringen. Zusammen mit ihrem Artenreichtum verfügen sie deswegen im Vergleich zu allen anderen Tieren und Pflanzen über einzigartige Voraussetzungen, die Biodiversität massgeblich zu beeinflussen.

Insekten halten den Kreislauf von Ernährung, Verdauung und Verwesung im Gleichgewicht. Sie bauen Substanzen ab, die für andere Lebewesen schädlich sind. Und sie stacheln Flora und Fauna an, mit immer besseren Strategien auf die Intelligenz der Insekten zu antworten. Insekten können deswegen als Schlüsselelement für die Biodiversität gesehen werden.

1.4 Insekten verbinden die Nahrungskette

Insekten sind ein wichtiges Element der Nahrungskette, wobei man besser von Nahrungsnetzen spricht. Die trophischen Beziehungen zwischen den Organismen sind nicht linear. Vielmehr ergeben die Interaktionen der einzelnen Beteiligten (wie Räuber, Parasiten, Nahrungsquellen und Konkurrenten) in der Lebensgemeinschaft ein komplexes Netz von Abhängigkeiten.[74] Insekten beeinflussen deshalb massgeblich die Abundanz und Artenvielfalt anderer Lebewesen. Sie sind Hauptnahrungsquellen von sehr vielen Tierarten und gleichzeitig Prädatoren von anderen Insekten und Mikroorganismen niedrigerer Trophieebenen.

Die meisten Wirbeltiere wie (Süsswasser-)Fische, Amphibien, Reptilien, Vögel, sowie diverse Säugetiere sind bei der Ernährung auf Insekten angewiesen.

1.4.1 Insekten und Vögel

Ohne Insekten gäbe es sehr viel weniger Vögel. So ernährt sich z.B. die mit ca. 5.700 Arten grösste Vogelordnung der Welt hauptsächlich von Insekten: Die Sperlingsvögel (Passeriformes), zu denen auch die ca. 4.000 Arten der Singvögel gehören, sind vorwiegend insektivor.

Nur wenige Arten ernähren sich ausschliesslich von Sämereien. Die Vielzahl frisst neben Insekten im Sommer auch Obst und Beeren.

Die meisten Vogelarten nehmen alle verfügbaren Arten von Kleininsekten zu sich. Wenige ernähren sich von Grossinsekten wie z.B. Libellen, Heuschrecken, Tagfaltern und grossen Käfern.[75]

Zu den überwiegend insektivoren Singvögel, die in ganz Europa und teilweise auf der gesamten Nordhalbkugel vorkommen, gehören z.B. die bekannten Arten:[76]

- Amsel
- Blaumeise[77]
- Buchfink[78]
- Buntspecht[79]
- Elster
- Kohlmeise
- Mauersegler
- Mehlschwalbe
- Rotkehlchen[80]
- Singdrossel

Für die Aufzucht ihrer Jungtiere brauchen die adulten Vögel sehr viele Insekten. So konnte errechnet werden, dass für die Brut der weltweit vorkommenden Rauchschwalben (je vier bis sechs Junge) etwa 1,2 Kilo und damit etwa 120.000 Insekten benötigt werden.[81]

Die Jungen der Schwarzspechte fressen noch mehr Insekten. Schätzungen gehen davon aus, dass Jungtiere zwischen 150.000 und 180.000 Insektenlarven fressen, bevor sie das Nest verlassen.[82]

Man konnte nachweisen, dass einzelne Mauersegler sich von mehr als 500 Insektenarten wie Blattläusen, Hautflüglern wie Bienen und Ameisen, Käfern, Fliegen und von Spinnentieren ernähren. Fütternde Brutpaare sammeln für ihre Jungtiere pro Tag bis zu 40.000 Insekten.[83] Auch die Drosseln kümmern sich intensiv um ihren Nachwuchs. In den ersten zwölf Lebenstagen werden die Nestlinge mit etwa 150 Insektenfütterungen pro Tag bedient. Die kleinen Drosseln nehmen in dieser Zeit jeden Tag fünf Gramm zu, was einer benötigten Nahrung von über 1.000 kleinen Insekten pro Tag und pro Tier entspricht.[84] Die ausgewachsenen Tiere verspeisen für ihre eigene Versorgung ca. zehn Prozent ihres Körpergewichtes und damit weit über 1.000 Insekten pro Tag.

Selbst Käfer, die über eine harte Chitin-Aussenhaut verfügen, können von den Nestlingen verzehrt werden. So mischen z.B. die Meisen ihren Jungtieren kleine Steinchen in die Nahrung, die den Chitin-Panzer der Käfer zerreiben.[85] Bis zu 97 Prozent besteht die Nahrung von Meisen und anderen Singvögeln von Frühjahr bis Anfang Sommer aus Insekten, danach ziehen sie Pflanzensamen vor.[86]

Der Dreizehenspecht (*Picoides tridactylus*) ist ein besonders grosser Käferliebhaber. Seine Nahrung kann bis zu 100% aus Borkenkäfern bestehen, von deren Larven er im Winter über 3.000 pro Tag verzehrt.[87] Für die Schweiz wird geschätzt, dass die ca. 670.000 Individuen jährlich 1,7 Milliarden Borkenkäfer fressen. Die Vögel sind damit in der Insektenbekämpfung erfolgreicher als die Menschen, die in den 1980er und 1990er Jahren mit bis zu 25.000 Borkenkäferfallen nur 85 Millionen Käfer fingen.[88]

Zu Ameisen haben vor allem Grünspechte eine ganz besondere Beziehung: Die Vögel setzen sich regelmässig auf ihre Haufen, wo sie sich mit Ameisensäure bespritzen lassen und die Insekten aufnehmen, um sich mit ihnen die Flügel und andere Körperteile einzureiben. Ameisensäure wirkt desinfizierend, man geht deswegen davon aus, dass sich die Spechte damit vor Bakterien schützen wollen.

Ameisen sind auch die Hauptnahrung für die Aufzucht, vor allem für den Grünspecht. Der Appetit der Nestlinge ist enorm. Der durchschnittliche tägliche Nahrungsbedarf pro Tier beträgt:

- 1.-10. Tag: 15 Gramm
- 10.-20. Tag: 39,5 Gramm
- 20.-30. Tag : 49,3 Gramm

Sieben Jungspechte verzehren so in ihren ersten 30 Lebenstagen die erstaunliche Menge von 1, 5 Millionen Ameisen und deren Puppen.[89]

Auch im Winter lässt der Hunger nicht nach: Dann gräbt der Grünspecht bis zu 85 Zentimeter lange Gänge, um an das Innere von Ameisenhaufen zu gelangen.

Der Saftlecker-Specht in Nordamerika dagegen kommt einfacher zu seiner Beute. Die Spechte hacken solange Löcher in die Bäume, bis durch die Verletzung des unter der Rinde liegenden, saftführenden Bastes Flüssigkeit austritt. Die Spechte warten ein wenig und lecken dann den zuckerhaltigen und klebrigen Saft auf, der sich mittlerweile mit Insekten wie Fliegen und Mücken angereichert hat.

1.4.2 Insekten und weitere Tiere

Süsswasserfische

Im Wasser spielen Insekten ebenfalls eine zentrale Rolle. Bis zu 90 Prozent besteht die Nahrung von Süsswasserfischen aus Insekten.[90] Das gilt selbst für räuberische Arten wie Forelle, Lachs und Barsch, die sich als ausgewachsene Tiere von Fischen ernähren. In den ersten Monaten nehmen sie neben Zooplankton fast ausschliesslich Insektenlarven der Zuckermücken, Eintagsfliegen und Köcherfliegen zu sich.[91] Die Abbildungen 5a und 5b illustrieren die Nahrungspräferenzen von Fischen in Abhängigkeit ihrer Grösse.[92] Das Beispiel der Lachsart Lavaret zeigt, dass Fische auch zu einem späteren Zeitpunkt ihrer Entwicklung zu Insektenliebhabern werden.

Karpfen, die weltweit zu den wichtigsten Süsswasserfischen gehören[93], ernähren sich ebenfalls sehr gern von Insekten. Als adulte Tiere mögen sie am liebsten Mückenlarven, und hier besonders die der Zuckmücken (Chironomiden). Sie fressen aber auch Wasserflöhe (Cladocera) und die Larven von Käfern und Eintagsfliegen (Ephemeroptera).[94]

Der Gambusiua Karpfen ist ein solch aktiver Mückenjäger, dass er sogar in Südeuropa zur Bekämpfung von Mückenlarven eingesetzt wird.[95]

Allein für die USA wurde errechnet, dass der ökonomische Wert der Insekten für die Fischerei mindestens 224 Millionen US-Dollar beträgt. So hoch ist der Umsatz, der mit den gefangenen Süsswasserfischen pro Jahr erzielt wird.[96]

Amphibien und Reptilien

Amphibien verbringen ihr Larvenstadium meist im freien Wasser, wo sie sich hauptsächlich von Insektenlarven ernähren. Dabei können Amphibien selbst zum Opfer von Insekten werden. So greifen Larven von Grosslibellen, Köcherfliegen und anderen grossen Insekten die Larven von Fröschen an.[97] Die überlebenden Frösche ernähren sich später als ausgewachsene Tiere fast nur von Insekten.[98] Sie sind dabei nicht wählerisch. Seefrösche ernähren sich z.B. innerhalb eines Tages von diversen Zweiflüglern (Dipteren) sowie von Laufkäfern, Ameisen, Rüsselkäfern, Maikäfern, Hornissen und Spinnen. Biologen beobachteten sogar, wie ein Frosch nacheinander 19 grosse Mehlkäferlarven vertilgte.[99] Laubfrösche fressen zusätzlich Wespen und Bienen sowie Ameisen.[100] Im Kothaufen eines Laubfrosches wurden einmal 117 Ameisenköpfe gezählt.[101]

Bei den Reptilien sind vor allem Eidechsen, Chamäleons, kleinere Schlangen und junge Krokodile Insektenliebhaber.[102] Chamäleons können Insekten innerhalb von 0,1-0,15 Sekunden mit ihrer klebrigen Zunge fangen. Der in ganz Europa endemische Feuersalamander ernährt sich z.B. zu einem Drittel von Insekten.[103] Der Alpensalamander jagt sogar bis zu einer Höhe von 2.500 Metern Ameisen.[104]

Säugetiere

Viele Säugetiere ernähren sich von Insekten, wie z.B Igel, Maulwürfe und Spitzmäuse[105], die als „Insektenfresser" in einer eigenen Ordnung zusammengefasst sind. So besteht z.B. die Nahrung von Maulwürfen in regenwurmschwachen Gebieten wie Kiefernwäldern aus bis zu 90 Prozent Insektenlarven von Käfern wie Bockkäfern oder Zweiflüglern wie Schnaken und Fiebermücken.[106] Da der tägliche Nahrungsbedarf eines ausgewachsenen Maulwurfes ca. 50 Gramm Biomasse beträgt, verzehrt das Tier dort mehrere 10.000 Insekten pro Tag.[107]

Europäische Fledermäuse ernähren sich ausschliesslich von Insekten, Spinnen und anderen Arthropoden. Sie benötigen täglich zwischen 20 und 30 Prozent ihres Körpergewichts an Nahrung, was bei der Grossen Hufeisennase bis zu 5.000 ausgewachsenen Mücken

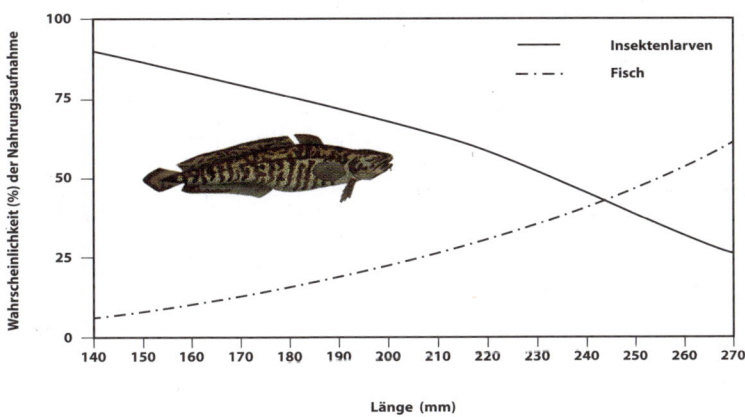

a: Die Quappe (*Lota lota*)

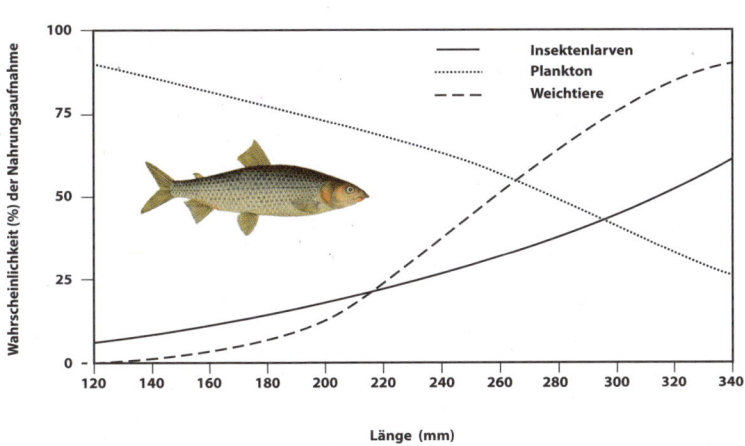

b: Der Lavaret (*Coregonus Lavaretus*)

Abb. 5a und 5b: Anteil unterschiedlicher Nahrung von Fischen in Abhängigkeit von der
Körpergrösse.
*(Quelle: Capinera, J. L. (2010): Insects and Wildlife. Arthropods and their Relationships with Wild
Vertebrate Animals. Oxford: Wiley-Blackwell, S. 152 ff.)*

entspricht.[108] Die Fledermäuse jagen ihre Beute nachts in einer Höhe von 0,5 bis acht Metern und ernähren sich fast ausschliesslich von Zweiflüglern (Diptera) wie Fliegen und Mücken, Schmetterlingen (Lepidoptera), Netzflüglern (Neuroptera) wie Florfliegen und Ameisenjungfern sowie von Staubläusen (Psocoptera).[109]

Auch grössere Tiere wie kleine Halbaffen sind überwiegend insektivor, sie ernähren sich von Heuschrecken, Schmetterlingen, Raupen und Fliegen. Selbst grosse Tiere wie beispielsweise Hyänen fressen viele Heuschrecken und Käfer. Ameisenbären, Ameisenigel und andere Tiere haben sich auf Ameisen und Termiten (Isoptera) spezialisiert.[110]

1.5 Insekten bilden das wichtigste Element der Ernährung

Die Ernährungs- und Landwirtschaftsorganisation der Vereinten Nationen (FAO) forscht bereits seit 2003 zur Ernährung mit Insekten.[111] Sie beschreibt die Insekten in ihrem Gutachten von 2013 als einen wesentlichen Beitrag zur weltweiten Nahrungssicherung, zur Einkommenssicherung vor allem in den Entwicklungsländern sowie zur Verbesserung der allgemeinen Umweltsituation.[112]

1.5.1 Insekten als Lebensmittel

Im Vergleich zum Fleisch anderer Tiere belasten Insekten die Umwelt weniger. Ihre Produktion benötigt weniger Futtermittel und stösst weniger klimaschädliche Gase aus. Die FAO hat beispielsweise errechnet, dass Insekten aus zwei Kilo Futter ein Kilo Insektenmasse generieren, Rinder dagegen benötigen achtmal so viel. Schweine verursachen zehn- bis hundertmal mehr Treibhausgase als Mehlwürmer. Insekten brauchen viel weniger Wasser und lassen sich effizienter züchten. Daher kann Insektenzucht zur Einkommensquelle für ärmere Menschen werden, auch in trockeneren Regionen. Die Tiere sind damit von entwicklungspolitischem Interesse.

Insekten gelten als sehr gesunde Nahrungsmittel. Sie sind reich an Proteinen, Vitaminen und Nährstoffen und beinhalten viele Ballaststoffe und Mikronährstoffe, wie z.B. Eisen und Magnesium, und sehr wenig Fett.[113] So haben z.b. Mehlwürmer oder Grüne Ameisen pro 100 Gramm zwischen 200 bis 1.200 Kalorien, viele andere essbare Insekten bestehen zu 20 bis 75 Prozent aus Protein.[114] Je nach Insektenart können 100 Gramm den Tagesbedarf eines 25 Jahre alten Mannes teilweise decken: Kalium 25 Prozent, Natrium 65 Prozent, Calcium 15 Prozent, Phosphor 80 Prozent und Magnesium 35 Prozent.[115] Zudem konnten die Vitamine A, B1, B2 und E bei zahlreichen Insekten nachgewiesen werden.

Im direkten Vergleich zwischen bereits heute industriell gezüchteten Mehlwürmern und Rindern schneiden die Insekten als effizientere Nahrungsalternative ab: Rindfleisch beinhaltet zwar zehn Prozent mehr Protein, aber auch 20 Prozent mehr Fett. Mehlwürmer dagegen sind reicher an Vitaminen und Mineralien wie Kupfer, Sodium, Kalium, Eisen und Zink.[116]

Bereits seit über 2.000 Jahren dienen Insekten als Lebensmittel. Mehr als 1.900 unterschiedliche Insekten werden heute in Südasien, Südamerika und Afrika von rund zwei Milliarden Menschen verzehrt. Essbare Insekten finden sich dabei auch in Europa, so z.B. in Frankreich, Italien und Spanien.[117]

1.5.2 Insekten als Futtermittel

Die Welternährungsorganisation FAO hat errechnet, dass die Menschheit im Jahr 2050 etwa 70 Prozent mehr Lebensmittel als heute nachfragen wird.[118] Das erfordert gleichzeitig ein grösseres Angebot an Fleisch, Geflügel und Fisch. Die Zuchtbetriebe brauchen mehr Futtermittel, also mehr Getreide, Fischmehl, Fischöl und Sojabohnen. Diese werden jedoch immer knapper, weshalb die Preise steigen. Bereits heute verursacht das Futtermittel 60 bis 70 Prozent der gesamten Herstellkosten. In den letzten zehn Jahren verdoppelten sich die weltweiten Preise für Getreide und Fischmehl. Der internationale Grosshandelspreis für das wichtige Basisprodukt Fischmehl ist in den letzten zehn Jahren um 250 Prozent auf 1.764 US-Dollar pro Tonne gestiegen.[119]

Die FAO rechnet mit einem weiteren Anstieg der Preise. Entsprechend dringend ist die Suche nach Alternativen. Insekten können dabei eine wesentliche Rolle als Futterersatz oder -ergänzung für Fische und andere Tiere übernehmen. Studien konnten nachweisen, dass z.B. Seidenwürmer (*Anaphe panda*), Mehlwürmer (*Tenebrio molitor*) und Heuschrecken (z.B. *Oxya fuscovittata* und *Acrida exaltata*) Futtermittel wie Fischmehl und Sojabohnen ersetzen können.[120]

Besonders in der Geflügelwirtschaft werden Heuschrecken (z.B. Grillen), Schaben, Käfer, Fliegen und viele weitere Insekten der Tiernahrung beigemischt. In Afrika und vor allem in Asien sind die Larven der gewöhnlichen Stubenfliege (*Musca domestica*) weit verbreitet: Diese bestehen aus 54 Prozent reinem Protein und können so bei der Zucht von Hühnern das teure Fischfutter ersetzen. Studien konnten nachweisen, dass die Fütterung mit Larven die Fleischqualität und das Wachstum der Hühner um bis zu 15 Prozent steigern[121] und den Einsatz von Medikamenten reduzieren konnte.[126]

Die Organisation für wirtschaftliche Zusammenarbeit und Entwicklung (OECD) rechnet damit, dass der Konsum von Fisch den von Fleisch und Geflügel – ausser in Afrika – sogar übersteigen wird. Dieser Entwicklung steht die begrenzte Fangmenge in natürlichen Gewässern entgegen. Der kritische Mindestbestand an Fisch für eine Regenerierung ist heute bereits erreicht. Die jährliche Fangmenge bewegt sich seit den 1990er Jahren konstant auf einem Niveau zwischen 85 und 90 Millionen Tonnen. Die OECD prognostiziert einen leichten Anstieg bis zum Jahr 2022 auf 95 Millionen Tonnen.[123]

Insekten kommt für die weltweite Fischversorgung eine Schlüsselrolle zu. Meerestiere bevorzugen in natürlicher Umgebung Insekten und andere Arthropoden als Nahrung. Vor allem Larven, Wanzen und Flöhe sowie Würmer stehen auf dem Speiseplan. Insekten spielen aber eine noch grössere Rolle in der wachsenden Aquakultur (vgl. Abb. 6). Diese kontrollierte Aufzucht von Fischen, Muscheln, Krebsen und anderen aquatischen Tieren in künstlich angelegten Gewässern konnte sich aufgrund der gesetzlichen Verbote für eine Vergrösserung der Fangmengen seit den 1980er Jahren stark entwickeln. In den letzten 30 Jahren wuchs sie durchschnittlich um rund acht Prozent.[124]

Abb. 6: Die Aquakultur ist eine wichtige Quelle für die menschliche Ernährung.
(Bild: CC by IvanWalsh.com)

Abb. 7: Mediales Aufsehen in Thailand: Die Wespe *Anagyrus lopezi* soll die landwirtschaftlich desaströse Maniokschmierlaus in Zaum halten.
(Bild: CC by CIAT, flickr.com)

Während man Anfang der 1990er Jahre 17 Millionen Tonnen in Aquakultur züchtete, waren es im Jahr 2000 bereits 32 und 2012 etwa 63 Millionen Tonnen, davon allein über 80 Prozent in Asien. Die OECD rechnet für das Jahr 2022 mit ca. 81 Millionen Tonnen. Das entspricht dann der Hälfte des gesamten Fischverbrauchs, den man auf 161 Millionen Tonnen schätzt. Bereits heute liegt der Anteil von gezüchtetem Fisch bei über 40 Prozent.[125] Die OECD erklärt die Aquakultur deshalb zu einer wesentlichen Quelle für die menschliche Ernährung.[126] Aufgrund ihres hohen Nährwertes und der relativ billigen Beschaffung sind Insekten in der Aquakultur als Futtermittel beliebt. Um sie anzulocken, hängt man z.B. Lampen über Gewässern auf.[127]

1.6 Insekten helfen wesentlich bei der Hygiene

Was passiert mit den Kuhfladen auf unseren Weiden? Insekten, die sich von Kot ernähren und sich so um die Misthaufen kümmern, nennt man Koprophagen. Die einen legen ihre Eier direkt in den Kot und leben dort, andere graben bis zu zehn Zentimeter tiefe Stollen und ziehen mit dem Kot dort ein. Blatthornkäfer (*Scarabaeidae*) bringen ihn viele Meter weit weg, um ihn geschützt vor Konkurrenten in Ruhe zu verwerten.

Doch selbst für auf Kot spezialisierte Insekten kam die Einführung der Landwirtschaft im 18. Jahrhundert zu schnell: Grosse Probleme entstanden, weil sich der Import von Nutztieren und die Viehzucht schneller als die Insekten entwickelten und damit auch die Misthaufen. So brauchte z.B. Australien ein amtliches «Misthaufen Käfer Projekt», um 46 unterschiedliche, auf Kuhfladen spezialisierte Insekten aus Südafrika, Europa und Hawaii zu importieren und damit der Lage wieder Herr zu werden.[128]

Christopher O'Toole berechnete Ende der 1990er Jahre, dass in Australien jedes Jahr ohne Insekten Misthaufen in der Grösse von 1,2 Millionen Quadratkilometern entstehen würden.[129] Pro Tag kann eine Kuh ein Dutzend Kuhfladen produzieren, was einem Gewicht von knapp 5.000 Kilogramm pro Jahr entsprechen würde.[130] Wie würde unsere Welt aussehen, wenn wir keine Koprophagen hätten? Und wie viel Geld würde die Entfernung und Entsorgung dieses Sondermülls kosten?

Mücken und Fliegen reinigen unser Wasser. Die weit verbreiteten Stechmücken aus der Familie Culicidae brauchen für ihre Entwicklung feuchte Gebiete. Die Larven filtern Nahrungspartikel aus dem Wasser und tragen dadurch erheblich zur Verbesserung der Gewässerqualität bei.[131]

Die Larven von Eintagsfliegen der Gattung Hexagenia kümmern sich um die Bodenbeschaffenheit in Gewässern: Sie graben grössere Gänge, bringen dabei verseuchtes Material und Wasser in den Boden und unterirdisches, gereinigtes Material nach oben. Mit der Durchmischung bauen sie Giftstoffe ab und verbessern so die Wasserqualität.[132]

Auch Sondermüll ist kein Problem für Insekten. Die Larven der Schwarzen Soldatenfliege (*Hermetia illucens*), die wegen ihres hohen Calciumgehaltes als wertvolle Nahrung gelten, bauen sensible Stoffe wie Nitrogen (über 70 Prozent), Phosphor (52 Prozent) und andere Stoffe wie Aluminium, Chrom und Blei bis zu 93 Prozent ab und wandeln diese sogar in eine hochwertige Biomasse um.[133]

Schmeissfliegen verfügen wie nur wenige Insekten über das Enzym Kollagenase, mit dem sie auch die hartnäckigsten Stoffe abbauen können. Kleidermotten, Pelz- und Speckkäfer bilden das Enzym Keratinase, das Proteine wie Haut, Haare und Nägel zersetzt.[134]

1.7 Insekten wirken als preiswerte Biozid-Alternativen

Insekten können sehr gut für die Insektenbekämpfung eingesetzt werden (vgl. Abb. 7). Das wussten bereits vor über 2.000 Jahren die Landwirte in China.[135] Sie hängten Nester von Weberameisen der Art *Oecophylla smaragdina* in ihre Zitrusbäume, um pflanzenfressende Insekten, wie z.B. die Schildwanze, fernzuhalten oder zu bekämpfen. Die Weberameisen sind besonders gute Abwehrspezialisten: Mit über 30 nervenwirksamen Stoffen verfügen sie über sehr spezielle Alarmpheromone und reagieren mit besonderer Wachsamkeit und erhöhter Beissbereitschaft.

Aufgrund der natürlichen Abhängigkeiten in einem Ökosystem werden Insekten in der Regel erst dann zur Plage, wenn von aussen eingegriffen wird oder fremde Insekten eindringen. Gebietsfremde Insekten können mit ihren natürlichen Feinden bekämpft werden, die man zuvor aus dem ursprünglichen Verbreitungsgebiet importiert. Diese Art der biologischen Insektenbekämpfung wurde erstmals über eine grössere Distanz im Jahr 1762 angewendet. Damals führte man für die Bekämpfung von Heuschrecken auf Mauritius den Sperlingsvogel Hirtenstar bzw. Hirtenmaina aus Indien ein.[136]

Über Kontinente hinweg transportierte man Insekten zur Schädlingsbekämpfung erstmals am Ende des 19. Jahrhunderts. Im Jahr 1885 entwickelte sich die knapp 20 Jahre vorher aus Australien eingeschleppte Wollschildlaus (*Icerya purchasi*) zur ernsthaften Bedrohung des gesamten Zitrusfrüchte-Anbaus in den USA. In Australien suchte man natürliche Feinde der Laus und fand schliesslich mit dem Marienkäfer *Rodolia cardinalis* ein geeignetes Insekt. Man importierte einige Tiere, die sich schnell auf schildlausinfizierten Bäumen ausbreiteten. Betroffene Zitrusbauern nutzten die Käfer im ganzen Land. Innerhalb eines Jahres war die Branche gerettet, der Ertrag der Früchte stieg von 700 auf 2.000 Güterwaggons.[137]

Ein aussergewöhnliches Beispiel aus der Gegenwart ist die Bekämpfung der Maniokschmierlaus (*Phenacoccus manihoti*) in Afrika.[138] Im Jahr 1973 wurde die Schmierlaus unbemerkt auf Maniokstecklingen aus Südamerika ins afrikanische Zaire eingeführt. Die Laus, die sich pro Jahr bis zu 300 Kilometer weit ausbreitet, wurde schnell zum existenziellen Problem in Zaire. Sie zerstörte 80 Prozent der Ernte der Maniokpflanze, die südlich der Sahara als Hauptnahrungsmittel dient. Eine landesweite Hungersnot drohte. Der grossflächige Einsatz von Insektiziden in Zaire und den Nachbarländern verschlimmerte das Problem: Die hohe Toxizität des Wirkstoffes Dichlordiphenyltrichlorethan (DDT) sowie die unsachgemässe Anwendung führten zu zahlreichen Vergiftungsfällen und zu lokalen Umweltzerstörungen. Es hätte zu lange gedauert Manioksorten zu züchten, die gegen die

Schmierlaus resistent sind. Als Ausweg kam ausschliesslich die biologische Bekämpfung infrage, für die der Insektenforscher Hans Rudolf Herren gewonnen werden konnte. Nach einer zweijährigen Suche in Südamerika fand Herren in Paraguay die schädliche Schmierlaus und damit auch ihre natürlichen Feinde. Untersuchungen von über zwölf endemischen Marienkäfern und Schlupfwespen, die als mögliche Feinde erschienen, ergaben, dass am besten die Schlupfwespe *Anagyrus lopezi* zur Bekämpfung geeignet sei. Herren importierte das Insekt und vermehrte es in Gewächshäusern. Von 1982 bis 1992 setzte er in 30 afrikanischen Ländern rund 1,6 Millionen Schlupfwespen frei.

Das Maniokprogramm von Hans Herren «bewahrte damit 200 Millionen Menschen ihre wichtigste Nahrungsquelle. Indem die sich anbahnende Hungersnot abgewendet werden konnte, dürfte das Leben von 20 Millionen Menschen gerettet worden sein. Das bisher grösste Programm einer biologischen Schädlingsbekämpfung hat mit einem verhältnismässig bescheidenen Aufwand von 20 Millionen Dollar der afrikanischen Landwirtschaft laut Schätzung der Beratungsgruppe für internationale Agrarforschung CGIAR einen Nutzen von 14 Milliarden Dollar gebracht – eine Bilanz, die im Pflanzenschutzgeschäft einmalig sein dürfte.»[139]

Der biologische Pflanzenschutz kennt keine Resistenzen, ist preiswert und ökologisch gut verträglich. In den USA sind zu Forschungs- und Bekämpfungszwecken mittlerweile über 2.300 Arten eingeführt worden.[140] Auch in Europa gewinnt diese Art der natürlichen Insektenbekämpfung immer mehr an Bedeutung. Wurde Anfang der 1980er Jahre in Deutschland praktisch überhaupt keine biologische Insektenbekämpfung praktiziert, so kommt sie heute in Gewächshäusern auf annähernd 100 Prozent der Anbaufläche für Tomaten, Gurken, Bohnen und Salat, bei 20 Prozent des Schnittblumen- sowie 70 Prozent des Topfblumenanbaus zur Anwendung. Bei Freiflächen ist der Anteil deutlich geringer, er beträgt jedoch z.B. bei Mais oder Kernobst ca. 30 Prozent.[141] Während der Markt Anfang der 1980er Jahre nur drei Nützlingsarten anbot, werden heute über 50 Insekten speziell zur Insektenbekämpfung gezüchtet und gewerblich vertrieben.[142] Die in Deutschland am stärksten verbreiteten Nützlinge sind die Hainschwebfliege (*Episyrphus balteatus*), die Gallmücke *Aphidoletes aphidimyza*, der heimische Siebenpunkt-Marienkäfer

(*Coccinella septempunctata*), die Grüne Florfliege (*Chrysoperla carnea*) und Schlupf-, Brack- und Erzwespen wie z.B. der Gattung Trichogramma.

Neben dem Pflanzenschutz nutzt man Insekten weltweit verstärkt für den Vorratsschutz. So lässt sich z.B. die Plattwespe *Laelius pedatus* gegen die weltweit verbreiteten Speckkäfer einsetzen. In tropischen Regionen vernichtet der Khraprakäfer (*Trogoderma granarium*) bis zu 20 Prozent der Nahrungsvorräte. Die Larven sind besonders widerstandsfähig gegen tiefe Temperaturen und Trockenheit und immer häufiger resistent gegen Insektizide. Für die Bekämpfung kommt erschwerend hinzu, dass sich die Larven bei günstigen Bedingungen bis zu vier Jahre im Ruhestadium befinden können. In Europa kommt vermehrt der Kabinett- oder Museumskäfer (*Anthrenus museorum*) vor, der in Haushalten und Betrieben Wollerzeugnisse aller Art befällt.[143]

Obwohl Schlupfwespen sehr klein sind, können sie mehrere Zentimeter grosse Raupen bekämpfen. Die vier Millimeter grosse Schlupfwespe *Habrobracon hebetor* sticht z.B. die 2,5 Zentimeter grosse Mehlmottenlarve, lähmt sie damit und legt ihre Eier an die Aussenhaut. Die schlüpfenden Wespenlarven saugen die Mottenlarve aus und verpuppen sich zu Adulten. Die nur 0,4 Millimeter grosse Schlupfwespe *Trichogramma evanescens* lässt die Entwicklung von Mottenlarven gar nicht erst zu. Sie legt ihre Eier mittels eines Stiches direkt in die Motteneier. In Europa werden diese beiden zusammen mit den auf Käfer spezialisierten Lagererzwespen *Anisopteromalus calandrae* und *Lariophagus distinguendus* industriell gezüchtet und sehr erfolgreich für den Vorratsschutz eingesetzt.[144]

Lassen sich gegen Unkräuter keine Herbizide spritzen, weil auf den Flächen z.B. Tiere weiden, können den Dienst auch Insekten übernehmen. Ein prominentes Beispiel ist die Bekämpfung von Johanniskraut in den 1940er Jahren in den USA.[145] Etwa 8.000 Quadratkilometer hochwertiges Weideland waren mit dem Unkraut bedeckt. Die Tiere verendeten, weil die Blätter des Johanniskrautes das Gift Hypericin enthalten. Es war bekannt, dass sich der australische Blattkäfer *Chrysolina quadrigemina* ausschliesslich von dieser Pflanze ernährt. Deshalb importierte man 5.000 Käfer aus Australien, die sich schnell vermehrten und die gesamte Fläche unkrautfrei machten. Mit der

Investition von einigen Tausend Dollar konnte das Land gerettet und wieder Viehzucht betrieben werden.

Insekten können auch präventiv andere Insekten bekämpfen bzw. fernhalten. Spezialisierte Käfer und Fliegen, die sich prioritär von Misthaufen ernähren und damit diese sehr effizient «entsorgen», halten andere Insekten fern, die diese Biomasse nicht so schnell verarbeiten. So z.B. die Schwarze Soldatenfliege (*Hermetia illucens*): Sie frisst Misthaufen so schnell auf, dass 94 bis 100 Prozent weniger normale Fliegen hinzukamen als bei einem Zersetzungsprozess ohne die Soldatenfliege.[146]

Wenige gezüchtete Insekten können viele natürliche Insekten bekämpfen. Eine bekannte Methode ist, sterile Männchen in die Natur zu entlassen, damit sie sich mit natürlichen Weibchen paaren. Die Weibchen können sich nicht vermehren, wodurch sich die gesamte Brut reduziert oder eingeht. So konnten z.B. grosse Schäden in den USA und in Mittelamerika abgewendet werden, die durch die Neuwelt-Schraubenwurmfliege (*Cochliomyia hominivorax*) und die Mittelmeerfruchtfliege (*Ceratitis capitata*) drohten.[147]

Der anthropogene Einsatz gebietsfremder Insekten zur Bekämpfung anderer exotischer Insekten oder fremder Pflanzenkulturen ist aber auch immer ein Eingriff in ein gewachsenes Biotop. Die eingesetzten biologischen Gegenspieler sollen idealerweise zunächst die Zielorganismen und danach am besten sich selber eliminieren. Überlebt jedoch der eingesetzte Parasit, so sucht er sich andere Nahrungsquellen und verursacht damit ein neues ökologisches Ungleichgewicht. Aufgrund zunächst fehlender Feinde kann er sich dabei schnell entwickeln und entsprechend grosse Schäden anrichten.

In den 1950er Jahren importierte die Vereinigung der Zuckeranbauer auf Hawaii regelmässig Schlupfwespen (Ichneumonidae) aus China und den USA. Die Wespen sollten Schmetterlingslarven zurückdrängen, die die Zuckerrohrpflanzen zerstörten. Sie waren erfolgreich, siedelten sich dann aber dauerhaft an und dezimierten weitere Insektenarten. Eine Studie aus den Jahren 1999 und 2000 zeigte, dass rund acht Prozent der über 2.000 gesammelten Schmetterlinge von den parasitischen Wespen befallen waren, die 50 Jahre vorher eingeführt wurden.[148] Die natürlichen Gegenspieler werden heute als Hauptgrund dafür gesehen, dass die Anzahl und die Populationen der Schmetterlingsarten auf der ganzen Insel dramatisch zurückgegangen sind. Mit der Reduktion der Insekten ist auch ein Rückgang der Vögel zu verzeichnen, die sich von Schmetterlingslarven ernähren sowie der Hawaiianischen Weissgrauen Fledermaus, die bevorzugt von adulten Motten lebt.[149]

Noch länger als die Wespen hat sich die Raupenfliege *Compsilura concinnata* in den USA etabliert. Die im Jahr 1868 aus Europa nach Boston eingeschleppte Schmetterlingsart des Schwammspinners (*Lymantria dispar*) schädigte die Wälder in Neuengland. Als auch gross angelegte Einsammelaktionen der Insekteneier sowie der Einsatz von Insektiziden nichts halfen, entschied die Landwirtschaftsbehörde im Jahr 1905, natürliche Feinde des Baumschädlings aus seiner Heimat zu importieren. Die Raupenfliege war dafür bekannt, dass sie besonders auf den Nachtfalter spezialisiert sei und diesen erfolgreich bekämpfen könne. In den USA fühlte sich die Fliege aber wohler als gedacht. Neben den Baumschädlingen interessierte sie sich auch für viele andere Schmetterlingsarten und reduzierte deswegen die Spinnerbestände weniger intensiv. Obwohl neben der Raupenfliege noch weitere neun parasitäre Insekten eingeführt wurden, breitete sich der Schwammspinner weiter in den Süden und den mittleren Westen der Vereinigten Staaten aus und ist bis heute ein bedeutender Pflanzenschädling (vgl. Abb. 8 und 9). Die jährlichen Schäden werden auf weit über 100 Millionen US-Dollar geschätzt.[150] Es gibt weiterhin keine sichere Bekämpfungsmethode.[151] Auch die Raupenfliege fühlt sich bis heute in ihrer neuen Umgebung wohl. Sie ernährt sich von mehr als 180 Schmetterlingsarten und wird für den Rückgang zahlreicher, nicht pflanzenschädigender Schmetterlingsarten mitverantwortlich gemacht.[152]

Die Zusammenhänge im biologischen Pflanzenschutz können ebenfalls komplex sein. Seit den 1970er Jahren wachsen in Nordamerika zwei Flockenblumenarten (*Centaurea maculosa* und *Centaurea diffusa*), welche die Landwirtschaft schädigen. Allein im Bundesstaat Montana waren ca. 80.000 Quadratkilometer mit dem aus Europa stammenden Unkraut befallen.[153] Zur Bekämpfung wurden die europäischen Fruchtfliegen *Urophora quadrifasciata* und *Urophora affinis* importiert. Die Insekten legten ihre Eier in die Knospen der

Abb. 8: Entlaubung ganzer Landschaften durch Schwammspinner-Raupen (Pennsylvania, 2007).
(Bild: CC 3.0 by Dhalusa, Wikimedia)

Abb. 9: Die Wespe *Aleiodes indiscretus* parasitiert eine Schwammspinner-Raupe.
(Bild: CC by U.S. Department of Agriculture, flickr.com)

Pflanzen, ihre Larven frassen dann die Blütenorgane und drängten so das Unkraut erfolgreich zurück. Woran man nicht gedacht hatte: die endemischen Hirschmäuse fanden solchen Gefallen an den ihnen vorher unbekannten Larven, dass ihre Nahrung nun zwischen 50 und 90 Prozent aus den eingeführten Insekten besteht.[154] Aufgrund der fehlenden Entwicklung der Insekten ist das Unkraut noch heute ein Problem für die Landwirtschaft. Besorgniserregend ist nun zusätzlich der Anstieg der Mauspopulation: Gegenden mit Fruchtfliegen verzeichnen eine dreimal höhere Dichte von Hirschmäusen.[155] Die Mäuse können das für den Menschen gefährliche, hoch ansteckende Hantavirus in sich tragen. In den USA sind seit 1993 über 600 Infektionen mit über 200 Toten gezählt worden.[156]

Um erfolgreich zu sein, benötigen die biologische Insektenbekämpfung und der biologische Pflanzenschutz umfangreiches Wissen über die Insekten, die Pflanzen und das gesamte Biotop, in dem der Einsatz stattfinden soll. Bevor z.B. Hans Herren die in Südamerika endemische Schlupfwespe *Anagyrus lopezi* in Afrika zur gezielten Bekämpfung der Maniokschmierlaus einsetzen konnte, bedurfte es einer intensiven Vorbereitung. Weil er die Ausbreitung eines allfällig falschen Parasiten verhindern wollte, führte Herren die Untersuchungen zur Frage, welches Insekt am besten geeignet sei, in englischen Treibhäusern durch. Bevor er die ausgewählte Insektenart importierte, züchtete er zunächst in Quarantäne mehrere Generationen, um die Einschleppung von Krankheiten zu verhindern.[157]

Der Einsatz von Insekten zur biologischen Kontrolle benötigt viel Vorarbeit. Wird jedoch der richtige natürliche Gegenspieler gefunden, ist dessen Einsatz gezielter, wirksamer, preiswerter und umweltverträglicher als der Gebrauch von konventionellen Bioziden.

1.8 Insekten unterstützen Wirtschaft und Gesellschaft

Mit ihren vielfältigen Eigenschaften können Insekten als Schlüsselelement für unseren ökologischen und wirtschaftlichen Kreislauf verstanden werden.[158] Sie bestäuben nicht nur Pflanzen und bieten ein überzeugendes Futtermittel für Tiere in der Landwirtschaft. Sie sind auch direkt für die menschliche Ernährung geeignet. Ihre Zucht kann in Zukunft die steigende Nachfrage nach Nahrungsmitteln befriedigen und sich darüber hinaus für die traditionelle Landwirtschaft zu einem grösseren Wirtschaftszweig entwickeln. Die Insekten schliessen den Stoffkreislauf, indem sie den durch den menschlichen Konsum entstandenen Abfall verarbeiten und als neue Brutstätten nutzen.

Insekten fördern auch die Wissenschaft und unterstützen die Textilproduktion. Sie helfen der Medizin, indem sie Heilpflanzen bestäuben, unser Immunsystem stärken und Wunden heilen. Ausserdem produzieren Insekten Produkte für die Chemie und helfen der Kriminologie, Verbrechen aufzuklären.

Wissenschaft

Motten können bis zu 100 mal feiner als wir Menschen riechen, Ameisen können ein Mehrfaches ihres Körpergewichts tragen, Mücken trotzen mühelos der Kraft von grossen Regentropfen und Käfer orientieren sich zuverlässig ohne elektronisches Navigationssystem an den Sternen.[159] Die Erforschung der Insekten kann uns Menschen von grossem Nutzen sein.

Warum leuchten Glühwürmchen? Können wir uns diesen Prozess zunutze machen? Die Leuchtkäfer der Familie Lampyridae verfügen über ein spezielles Enzym, mit dem ihr Luciferin mittels Sauerstoff in Licht umgewandelt wird. Amerikanische Forscher versuchen nun, das Erbgut der Glühwürmchen am Computer nachzustellen, DNA-Stränge auszudrucken und mittels Lasertechnologie so zurechtzuschneiden, dass diese in Pflanzen implantiert werden können. Die leuchtenden Pflanzen sollen dann künstliches Licht einsparen.[160]

Ameisen, Bienen, Wespen und Termiten leben in Gemeinschaften mit bis zu 800.000 Individuen. Aus der Erforschung der sozialen Lebensgewohnheiten dieser Insekten können wir wertvolle Informationen für ein gutes Miteinander in unserer Gesellschaft generieren.[161]

Auch als Nutztiere stehen die Insekten der Wissenschaft zur Verfügung. Seit vielen Jahren wird die Taufliege *Drosophila melanogaster* für genetische Versuche genutzt. Sie ist aufgrund ihrer Grösse im Vergleich zu Laborratten und Meerschweinchen viel effizienter einzusetzen, sie kostet weniger und vermehrt sich schneller.[162]

Textilproduktion

Ohne Insekten würden wir ziemlich nackt dastehen. Das bezieht sich nicht allein auf die Seide, die nur von wenigen Insektenarten produziert wird. Ohne die aktive Mitwirkung von Insekten könnte auch die Baumwollpflanze nicht gedeihen. Dasselbe gilt für Lederwaren, denn die Tiere, aus deren Haut wir das Leder gewinnen, sind auf Futterpflanzen angewiesen – und diese wiederum auf die Arbeit von Insekten.[163]

Seide ist bereits seit über 5.000 Jahre bekannt, das Geheimnis der Herstellung wurde jedoch bis 300 Jahre vor Christus streng von den Chinesen gehütet. Alle Raupen produzieren Seide, aber die Raupe des Seiden- oder Maulbeerspinners (*Bombyx mori*) beherrscht diese Kunst am besten. In einer Minute kann sie bis zu 800 Meter lange Fäden spinnen, was für sie selbst nichts anderes als das Produzieren von Speichel bedeutet. Seide hat hervorragende Eigenschaften: Sie isoliert und absorbiert sehr gut, sie ist nicht brennbar und sehr reissbeständig. Heute werden jährlich über 90.000 Tonnen Seide von Insekten produziert.[164]

Medizin

Der Mensch nutzt seit Jahrtausenden natürliche Heilpflanzen und Heilkräuter. Die Pflanzen werden direkt angewendet oder zu Nahrungsmitteln oder Medikamenten weiterverarbeitet. Die meisten gesundheitsfördernden Pflanzen kommen nicht ohne die Bestäubung durch Insekten aus. Beispiele dafür sind: Baldrian, Lavendel, Melisse, Eukalyptus, Kamille, Johanniskraut und Salbei.

Für einen Grossteil der Erdbevölkerung sind solche pflanzlichen Stoffe die einzigen Medikamente. Vor allem in Entwicklungsländern fehlt es oftmals an finanziellen Mitteln für Medikamente und an einer medizinischen Infrastruktur. In Afrika sind z.B. 80 Prozent der Menschen auf natürliche Heilpflanzen angewiesen.[165] Aber auch in vielen anderen Ländern nehmen Heilpflanzen und Kräuter einen hohen Stellenwert ein. So bestehen z.B. in China 30 bis 50 Prozent der gesamten medizinischen Behandlung aus natürlichen Stoffen.[166]

Die Nachfrage nach Heilpflanzen wächst aufgrund des Bevölkerungs- anstiegs in den Entwicklungs- und Schwellenländern sowie in Japan und China. Chronische Krankheiten und der Anstieg der Gesund- heitskosten motivieren auch immer mehr Menschen in den USA, Europa und Australien auf die traditionelle Medizin zurückzugreifen, in deren Zentrum Heilpflanzen stehen. So nutzen z.B. über 100 Millio- nen Menschen in Europa heute die traditionelle Medizin. In einzelnen asiatischen Ländern greifen 86 Prozent der Menschen auf alternative Heilmethoden zurück, in Kanada sind es 70 Prozent und unter den HIV-infizierten Menschen weltweit 75 Prozent.[167] Der globale Markt für Heilpflanzen wächst seit Jahren mit ca. zehn Prozent und beträgt heute rund 100 Milliarden US-Dollar.[168]

Neben der Bestäubung von Heilpflanzen unterstützen Insekten die Medizin, indem sie unser Immunsystem stärken und Wunden heilen. So wird das Gift der Honigbienen bereits seit 1930 gegen die Gelenk- erkrankung Arthritis eingesetzt. Diese Therapie gilt als vielfach wirksamer als die Behandlung mit herkömmlichen Medikamenten.[169]

Schon Ende des 18. Jahrhunderts beobachtete man bei kriegerischen Auseinandersetzungen, dass mit Fliegenlarven besetzte Wunden besonders gut heilten. Anfang des 20. Jahrhunderts wurde der wissenschaftliche Grundstein für die Biochirugie gelegt. Die Larven verschiedener Aas-, Fleisch- und Schmeissfliegen (Calliphoriden- Arten) ernähren sich von abgestorbenem Gewebe. Da sie gesundes Gewebe praktisch nicht interessiert, säubern sie die Wunden infek- tionsfrei. Aufgrund des Auftretens von multiresistenten Keimen, für die die Medizin keine sichere Behandlung hat, gewann die Madenthe- rapie in den letzten Jahren wieder an Bedeutung. Die Larven der therapiegeeigneten Goldfliege *Lucilia sericata* werden heute indust- riell gezüchtet und weltweit vertrieben.[170]

Chemie

Pflanzenläuse verursachen beträchtliche Schäden. Die gleichen Läuse werden jedoch auch wirtschaftlich verwendet: Die Haut der Schmier-

und Mehlläuse kommt bei der Wachsproduktion zum Einsatz und die Deckelschildläuse liefern Harz. Besonders bekannt ist die Schildlaus *Laccifer lacca*.[171] Nach der Paarung bildet sie ein harziges Sekret, das nichts anderes als Stock- oder Rohlack ist. Nach Mahlung, Waschen und Filtrieren entsteht der bekannte «Schellack». Die Eigenschaften dieses Stoffes sind hervorragend: sehr gute Haftung an vielen Oberflächen, gute thermische Plastizität und geringe Empfindlichkeit gegen viele Lösemittel. Zusätzlich ist Schellack im Vergleich zu synthetischen Harzen biologisch abbaubar. Das Produkt kommt heute weltweit in vielen Formen zum Isolieren, Vergällen und Versiegeln zum Einsatz: in elektrischen Geräten, Schuhcremes, Haarsprays, Nagellack, Bodenpolituren, Druckfarben usw. Weltweit produzieren Schellack-Fabriken jährlich ca. 30.000 Tonnen des vielseitigen Materials. Allein die deutschen Unternehmen fertigen pro Jahr über 3.000 Tonnen Lacke auf Schelllackbasis.[172] Für die Herstellung von einem Kilo benötigt man dabei 300.000 Schildläuse.[173]

Schildläuse sind ausserdem nützliche Farbproduzenten. Bereits vor 3.000 Jahren handelte man die Schildlaus *Kermes vermilio*, weil sich aus ihr ein schöner Rotton produzieren lässt. Ende des 16. Jahrhunderts setzte sich dann die aus Zentral- und Südamerika stammende Laus *Dactylopius coccus* durch. Aus ihr gewinnt man bis heute den besonders intensiven Farbton «Karminrot», hauptsächlich für Kosmetik und die Lebensmittelindustrie.[174]

Insekten produzieren sogar Öl: Die Schwarze Soldatenfliege (*Hermetia illucens*) kann Kot in Bio-Diesel umwandeln. Sie legt ihre Larven in Misthaufen ab, die sich dort ernähren und wachsen. Je nach Mistart – ob von Schaf, Schwein oder auch Geflügel – ergibt das Fett der Larven zwischen 36 und 91 Gramm Bio-Diesel pro Kilogramm Mist.[175]

Kriminologie

Zahlreiche Insekten ernähren sich von totem Fleisch. Zu diesen nekrophag genannten Arten zählen Fliegen, wie z.B. Schmeiss-, Stuben- und Fleischfliegen und Käfer, wie z.B. Speckkäfer und Pelzkäfer. Die Insekten bevorzugen dabei unterschiedliche Nahrung und werden deswegen verschiedenartig angelockt. So ziehen z.B. Gerüche, die sich direkt nach dem Tod eines Lebewesens durch Gärungsprozesse bilden, Fleischfliegen an. Anschliessend werden Fettsäuren freigesetzt, die Speckkäfern ein nahes Nahrungsangebot signalisieren. Später werden Käsefliegen, danach Motten und schliesslich Milben angelockt. Da dieser Prozess in exakter, zeitlich bekannter Folge abläuft, können Entomologen errechnen, wann der Tod des Lebewesens eingetreten ist. Diese Form der Beweisführung wird in der Kriminologie bereits seit Mitte des 19. Jahrhunderts angewendet und ist heute fest etabliert.

1.9. Nutzen von ausgesuchten Insekten

Gerade die oft als lästig oder schädlich wahrgenommenen Sechsbeiner sind für den Menschen von enormem Wert. Drei davon sollen im Folgenden beispielhaft vorgestellt werden.

1.9.1 Gemeine Wespe

Mehr als die Hälfte aller Mitteleuropäer werden in ihrem Leben mindestens einmal von Wespen gestochen, in der Türkei sind es sogar 95% der Bewohner.[176] Einige Personen reagieren allergisch und müssen im Krankenhaus behandelt werden. In Deutschland sterben mindestens 20 Patienten pro Jahr an den Stichen der Gemeinen Wespe (*Vespula vulgaris*) und der Deutschen Wespe (*Vespula germanica*).[177]

Die Wespenkönigin erwacht zwischen April und Mai aus ihrem Winterschlaf und ernährt sich wenige Wochen zunächst von Nektar und Baumsäften, bevor sie ein Nest baut und anfängt, ihre Eier abzulegen. Die Larven ernährt sie solange mit einem Brei aus zerkauten Insekten, bis die ersten Arbeiterinnen geschlüpft sind. Diese übernehmen dann die insektenhaltige Fütterung der Larven sowie den weiteren Nestausbau. Die Königin konzentriert sich bis in den Sommer auf die Eiablage. Im Juli und August schwärmen neue Jungköniginnen aus, die begattet überwintern und im nächsten Frühling ihr Nest anlegen. Die alte Brut geht im Herbst ein.[178] Der Nutzen der Gemeinen Wespe ist vielfältig.

Bestäubung

Die ab Mai ausfliegenden Arbeiterinnen ernähren sich vorwiegend vegetarisch von Nektar und zuckerhaltigen Pflanzensäften. Da sie selbst und ihre zu versorgenden Nesttiere keine Pollen benötigen, gelten sie nicht als typische Bestäubungsinsekten. Sie fliegen nur wenige Pflanzenarten an und ihre Bestäubungsleistung geschieht ungewollt. Beim Blütenbesuch verfangen sich Pollen in ihrem grossem Haarkleid und werden so zur nächsten Blume transportiert. Aufgrund ihrer kurzen Mundwerkzeuge suchen sie Pflanzen auf, deren Nektar einfach zugänglich ist. Besonders gern mögen die Insekten folgende Pflanzen, die auch als Wespenblumen bezeichnet werden:[179]

- Stendelwurzen (Epipactis, Orchideengattung)
- Braunwurzen (Scrophularia)
- Efeu (*Hedera helix*)
- Zwergmispel (*Cotoneaster vulgaris*)

Weitere Pflanzen sind:[180]

- Wiesen-Bärenklau (*Heracleum sphondyleum*)
- Waldengelwurz (*Archangelica silvestris*)
- Schneebeere (*Symphoricarpus racemosa*)
- Alpenheckenkirsche (*Lonicera alpigena*)

Gewisse Pflanzen haben sich morphologisch und physiologisch den Vorlieben der Insekten angepasst. So finden sich für die nach Nahrung suchenden Tiere attraktive Blütensignale, optimale Narbenhöhlen und besonders günstige Zusammensetzungen von Nektarinhaltsstoffen. Diese Spezifika sind so stark auf Wespen ausgelegt, dass andere Insekten die Pflanzen meiden.[181]

Die beiden Orchideenarten *Epipactis helleborine*[182] und *Epipactis purpurata* werden sogar nur von der Gemeinen und der Deutschen Wespe bestäubt.[183] Die artspezifische Reduzierung auf einige wenige Wespenarten hat für die Orchideen sogar einen wesentlichen Vorteil. Die Pflanzen verfügen nur über ein Pollenpaket (Pollinien), in dem sie ihren gesamten Pollen verpacken. Durch die Spezialisierung auf wenige Insektenarten, die selbst nur einzelne andere Pflanzenarten anfliegen, wird sichergestellt, dass das Paket zu einer Pflanze der gleichen Art gebracht wird.[184]

Regulierung des Ökosystems

Als Insektenfresser hat die Gemeine Wespe vor allem im Frühjahr und Sommer eine führende Funktion in der Regulierung des lokalen Insektenbestandes und damit auf das gesamte vorhandene Ökosystem. Zur Aufzucht werden die Larven mit zu Brei zerkauten Insekten gefüttert. Dazu werden pro Tag und Nest bis zu 5.000 Insekten wie z.B. Fliegen, Mücken und Käfer gefangen.[185] Prioritär werden Fliegen als Nahrung bevorzugt:[186]

- Stubenfliegen
- Wadenstecher
- Gold- und Fleischfliegen
- Schwebfliegen

Die Jagd auf Insekten hält bis August an. So konnte im Spätsommer beobachtet werden, wie eine einzelne Arbeiterin innerhalb weniger Stunden 14 schlüpfende Grosslibellen[187] tötete und verschleppte.[188]

Teil der Nahrungskette

Die Gemeinen Wespen haben viele Frassfeinde. Sie sind die bevorzugte Nahrung für folgende Organismen:

Insekten:

- Schlupfwespen (Sphecophaga; Endurus)[189]
- Schwebfliegen (Volucella)[190]
- Hornissenraubfliege (*Asilus crabroniformis*)[191]
- Blasenkopffliegen (Conopidae)[192]
- Raub-, Schmarotzer-, und Dickkopffliegen (Asilidae, Tachinidae, Conopidae)
- Hornisse (*Vespa crabro*)
- Kuckuckswespe (*Dolichovespula omissa*)
- Wespenfächerkäfer (*Metoecus paradoxus*)[193]

Vögel

- Wespenbussard (*Pernis apivorus*)
- Bienenfresser (*Merops apiaster*)
- Raubwürger (*Lanius excubitor*)[194]

Säugetiere

- Spitzmäuse (*Soricidae*)
- Igel (*Erinaceus concolor*)
- Dachs (*Meles meles*)

Wespen, aber auch Hummeln sind die Hauptwirte der Blasen-
kopffliege. Sie legt ihre Eier auf sitzenden oder langsam fliegenden
Wirtstieren ab. Die schlüpfenden Larven dringen in die Hinterteile
der Insekten ein und fressen sie schliesslich auf. Durch den Befall
wird in der Regel die Lebensdauer der betroffenen Wespen um die
Hälfte reduziert.[195] Als Parasitoiden, d.h. als Parasiten, die nach ihrer
Entwicklung ihren Wirt töten, wirken auch Legimmen- und Stechim-
menarten der Taillenwespen.

Der Wespenbussard orientiert sich bei seiner Nahrungssuche an
Wespen, die in Bodennähe verschwinden. Mit geschlossenen Augen
und geschützt durch sein sehr festes Haarkleid gräbt er ganze
Teile eines mit Larven und Puppen gefüllten Wespennestes aus.
Anschliessend transportiert er die Beute zu seinem Nest.[196]

Der aufgrund seines farbigen Federkleides auffallende Bienenfresser
ist ein echter Wespenliebhaber. Es konnte beobachtet werden, dass
er innerhalb von 40 Minuten 48-mal Insekten im Flug gefangen und
zu einem Nest transportiert hat.[197] Der in Afrika überwinternde Vogel
kommt aufgrund der Klimaerwärmung im Vergleich zu den 1990er
Jahren mittlerweile zwei Wochen früher zurück nach Mitteleuropa
und benötigt deswegen umso mehr Wespen.[198]

Bei den Säugetieren gilt der Dachs als ganz besonderer Liebhaber
der Gemeinen und Deutschen Wespe. Um möglichst viele Insekten
zu erbeuten, wartet das Tier mit der Wespenjagd bis August. Erst
dann, wenn die Nester die höchste Individuendichte aufweisen, gräbt
er diese aus. Beobachtungen haben gezeigt, dass in dieser Zeit die
Mägen von Dachsen bis zu 90% mit Wespen gefüllt sind.[199]

1.9.2 Gemeine Stubenfliege

Die aus Zentralasien stammende Gemeine Stubenfliege (*Musca domestica*) ist ein echter Kosmopolit: Praktisch überall auf der Welt ist sie
zuhause.[200] Sie folgt dem Menschen und ernährt sich von Lebensmit-
teln, Müll und Kot sowie von zuckerhaltigen Stoffen. Sie fühlt sich bei
Temperaturen zwischen 20 und 35 Grad sehr wohl. Das ist auch der
Grund, warum es im Sommer so viele Fliegen gibt. Bei unter 15 Grad

stellt sie ihre Aktivitäten ein. Ein Weibchen kann mehrere Male pro Jahr 150 bis 600 Eier legen. Die Fliegen durchleben die vollständige Metamorphose (holometabol), die zwischen 6 und 42 Tagen dauert. Die Imagos haben eine Lebenserwartung zwischen 14 und 21 Tagen, einige können bis zu drei Monate alt werden.[201] Aus einem Fliegenpaar können im Jahresverlauf bei besten Umfeldbedingungen theoretisch bis zu 191.010.000.000.000.000.000 Insekten entstehen.[202]

Aufgrund ihrer intensiven Populationsvermehrung und ihrer weltweiten Präsenz hat die Gemeine Stubenfliege einen besonders hohen ökologischen Wert. Die Nutzen der Stubenfliege sind vielfältig.

Bestäubung
Wie bereits in Kapitel 1.1.3 ausgeführt, haben Fliegen (Brachycera) generell besondere Bestäubereigenschaften. Die Gemeine Stubenfliege gilt dabei nach den Schwebfliegen (Syrphidae) aufgrund ihrer hohen Individuenzahl und ihrer Zuckervorliebe als wichtigste Bestäuberin unter den Fliegen.[203] Sie hilft bei der Bestäubung einer Reihe von Nutzpflanzen:[204]

- Ackerknoblauch
- Brokkoli
- Brombeeren
- Buchweizen
- Erdbeeren
- Himbeeren
- Karotten
- Knollensellerie
- Kürbis
- Kuhbohnen
- Lauch
- Litschi
- Mango
- Orangen
- Pastinaken
- Petersilie
- Rettich
- Straucherbsen
- Zwiebel

Teil der Nahrungskette

Aufgrund ihrer hohen Populationsgrösse und ihres hohen Protein-
und Fettgehalts sind die Stubenfliegen im Vergleich zu vielen anderen
Insektenarten eine gern gesehene Beute und damit ein besonders
wichtiges Element der Nahrungskette. Vor allem Singvögel (vgl. auch
Kap. 1.4) und räuberische Insekten wie Wespen ernähren sich zu
grossen Teilen von der Stubenfliege.

Hygienehelfer

Die Gemeine Stubenfliege frisst Müll und Kot. Sie leistet somit jeden
Tag einen Beitrag zur menschlichen Hygiene.

Fliegen als Futtermittel

Wegen der nahrhaften Zusammensetzung aus Proteinen und Fetten
sowie der einfachen, günstigen Züchtungsmöglichkeiten gelten die
Maden der Gemeinen Stubenfliege als besonders wichtiges Futtermittel für die Zukunft (vgl. auch Kap. 1.5).[205] Schon seit den 1960er
Jahren werden Fliegenmaden mit Erfolg an Geflügel verfüttert, seit
den 2000er Jahren auch an Schweine und Fische in Aquakultur.[206] Da
Fliegen besonders temperaturempfindlich sind, können unter Labor-
bedingungen bei hohen Temperaturen statt der maximal 600 Eier
bis zu 2.000 pro Ablage generiert werden. Die Maden der Gemeinen
Stubenfliege könnten grosse Teile des heute aufwendig produzierten
Fischmehls ersetzen.[207] In der Europäischen Union sind Fliegen und
andere Insekten bis heute jedoch als Futtermittel verboten.

Fliegen als Forschungsobjekt

Die Gemeine Stubenfliege dient oft als Forschungsobjekt (vgl. auch
Kap. 1.8). Die beispielhafte Erschliessung der Mechanismen ihrer
Kugelaugen mit über 1.000 Einzelaugen erbrachten vor allem Neuro-
wissenschaftlern wertvolle Erkenntnisse.[209]

Fliegen in der Kriminologie

Ebenso profitiert die Forensik vom Wissen über die Fliegen (vgl. Kap
1.8.). Der Zeitpunkt, an dem sich die Fliegen menschlichen Leichen
nähern, gibt Aufschluss über den Todeszeitpunkt.[210]

1.9.3 Gemeine Stechmücke

Die rund 3.500 Arten umfassende Familie der Stechmücken (Culicidae) gehört zur Ordnung der Zweiflügler (Diptera).[211] Nachstehend wollen wir uns auf die Gemeine Stechmücke (*Culex pipiens*)[212] konzentrieren und damit auf die Art, die in ganz Europa mit Vorliebe uns Menschen sticht. Das Insekt, das auch Hausmücke genannt wird, ist nicht mit den Aedes-Mücken zu verwechseln, die vorwiegend in Afrika, Asien und Südeuropa endemisch sind (vgl. Kap. 2.1.1).

Die im Herbst befruchteten Weibchen überwintern und legen im Frühjahr bis zu 200 Eier, zusammengebunden als kleine Schiffchen, auf Wasseroberflächen ab. Sie suchen sich dazu stehende Gewässer wie natürliche Teiche oder anthropogene Wasseransammlungen. Ihre Brutplätze sind zahlreich: «Häusliche Abwasser aller Art in Sammelschächten, Gruben, in Strassen- und Dorfgräben, Jauchegruben unter Aborten und an Viehställen, ferner Sickerschächte in Gärten, Parks und Strassen, sofern sie den Mücken zugänglich sind, und sei es auch nur durch das kleine Loch im Eisendeckel, Regen- und Abwassersammelbecken, das unterirdische Kanalisationssystem und die Sinkkästen der Strassengullis, weiterhin achtlos umherstehende alte Fässer, Eimer, Konservenbüchsen mit Regenwasser, verstopfte Dachrinnen, gemauerte Schmutzfänge unter Fussabkratzern vor den Haustüren, Lichtschächte vor den Kellerfenstern, sofern Wasser drin ist, Keller mit Grundwasser, Zisternen, Ziehbrunnen (bis zu 20 m Tiefe), Wassertröge zur Viehtränke, aber auch Teiche besonders in städtischen Anlagen, Gräben, Tümpel, Pfützen und Lachen aller Art.»[213]

Die je nach Umfeldbedingungen ca. 20 Tage dauernde holometabole Entwicklung der Insekten erfolgt unter Wasser. Die adulten Tiere ernähren sich von zuckerhaltigen Pflanzensäften. Die Weibchen benötigen für die Eiproduktion Proteine. Sie stechen deswegen vorwiegend Vögel, aber auch den Menschen, um Blut zu saugen. Pro Jahr kommt es zu mehreren Generationen.

Aufgrund ihrer starken Populationsdynamik und ihrer hohen geographischen Präsenz hat die Gemeine Stechmücke einen relativ hohen ökologischen Wert. Der Nutzen der *Culex pipiens* ist vielfältig.

Bestäubung

Es sind derzeit lediglich zwei Pflanzen beschrieben, die von der Gemeinen Stechmücke bestäubt werden:[214]

- Orchidee (*Habenaria obtusata*) (vgl. Abb. 10)
- Ohrlöffel-Leimkraut (*Silene otites*) (vgl. Abb. 11)

Vor allem das Leimkraut hat sich auf Mücken spezialisiert. Die Pflanze hat nicht nur ein Duftextrakt entwickelt, das vor allem die Gemeine Stechmücke anlockt und von anderen Insekten gemieden wird, sie hat zusätzlich eine besondere Duftabgaberhythmik entwickelt. Im Wissen darüber, dass die Mücken vor allem nachtaktiv sind, gibt das Leimkraut tagsüber Düfte für andere Bestäuber ab und stellt die Lockwirkung abends auf die Mücken um.[215]

Teil der Nahrungskette

Die Gemeine Stechmücke ist während ihrer holometabolen Entwicklung im Wasser eine bevorzugte Nahrungsquelle von aquatisch lebenden Tieren und als Imago von solchen, die an Land leben (vgl. Kap. 1.4).

Die Eier, Larven und Puppen der Mücke ernähren:[216]
- Süsswasserfische
- Amphibien
- Ruderfusskrebse
- Libellenlarven
- Wasserwanzen
- Wasserkäfer und deren Larven

Die adulten Mücken werden bevorzugt gefressen von:
- Libellen
- Fledermäusen
- Vögeln
- Amphibien

Für viele junge Süsswasserfische sind die proteinhaltigen Mückenlarven die Hauptnahrungsquelle (Kap. 1.4.). Krebse sind intensive Jäger der Mückenlarven. So wurden z.B. die Ruderfusskrebse (*Mesocyclops aspericornis*[217] und *Megacyclops formosanus*[218]) in Asien erfolgreich zur Bekämpfung von Stechmücken eingesetzt.

Hygienehelfer

Durch die Aufnahme von Salzen, Natrium und Chlorid[219] sowie kleinen organischen Partikeln und mit der Abweidung von Algenwuchs[220] reinigen die Mückenlarven das Wasser, in dem sie leben (vgl. auch Kap. 1.6).

Abb. 10: Die Orchidee *Habenaria obtusata* pflanzt sich mithilfe von Stechmücken fort.
(Bild: Jason Hollinger, CC BY 2.0)

Abb. 11: Das Ohrlöffel-Leimkraut (*Silene otites*) lockt nachts Mücken als Bestäuber an.
(Bild: Jan Eckstein, CC BY-SA 3.0)

2 Insekten als Schädlinge

«Als Schädlinge oder Schadtiere bezeichnet man Organismen, die das Wohlbefinden, die Leistungsfähigkeit oder die Gesundheit des Menschen, seiner Haus- und Nutztiere beeinträchtigen, eine normale Entwicklung der Kulturpflanzen stören, tierische und pflanzliche Produkte, Erntegut, Vorräte sowie Materialien wertmindern und unbrauchbar machen.»[221]

Alte Bilder und Texte zeigen, dass sich der Mensch bereits seit 4.000 Jahren gegen Flöhe, Läuse, Mücken, Wespen und andere Insekten wehrt. In China wurden in über 3.500 Jahre alten Gräbern Reiskäfer sowie Tabak- und Brotkäfer gefunden. Griechen berichteten schon vor über 2.500 Jahren von durch Fliegen ausgelösten Seuchen und Römer von schmerzenden Mückenstichen. Erbsenkäfer vernichteten Bohnen und Erbsen, Getreidewürmer das Korn und Kleidermotten frassen schon damals Löcher in Kleidungsstücke.[222]

2.1 Insekten gefährden Menschen

Die Schäden, die Insekten dem Menschen zufügen, sind vielfältig. Sie reichen von leichten Beeinträchtigungen wie z.B. Geruchsbelästigung durch Schaben oder Geräuschen, die Mücken und Fliegen verursachen über schmerzhafte Stiche von Wespen bis hin zu schweren Erkrankungen, die auch tödlich enden können. Sehr wenige Insekten, wie z.B. die Kopf- und die Kleiderlaus, sind als «ständige Parasiten»[223] sogar auf den Menschen oder ein Tier als Wirt angewiesen. Andere für den Menschen schädliche Arthropoden ernähren sich teilweise von dessen Blut (wie z.B. Zecken oder Stechmücken).

Infektionskrankheiten entstehen durch die Übertragung von Viren, also infektiösen Partikeln. Blutsaugende Arthropoden wie Mücken und Zecken nehmen durch einen Stich bei Menschen oder Tieren Blut auf. Trägt der Mensch oder das Tier den Krankheitsvirus in sich, so gelangt das Virus in das Insekt, das selbst keinen Schaden nimmt. Beim nächsten Stich eines anderen Menschen oder Tieres überträgt das Insekt mit seinem infizierten Speichel die Viren dem gesunden Organismus, den dann die Krankheit befällt. Die Insekten selbst sind also die Träger (Vektoren) und der Mensch oder das Tier der Wirt. Die Insekten können die Viren zwischen Menschen und zwischen Menschen und Tieren übertragen.

Am schwersten beeinträchtigen die bekannten Fieberkrankheiten wie Gelbfieber, Denguefieber und Malaria den Menschen. Sie werden von Mücken übertragen, die in tropischen und subtropischen Regionen endemisch sind. Insbesondere in Afrika, aber auch in Asien und Südamerika erkranken jährlich über 250 Millionen Menschen an diesen Virusinfektionen, über 700.000 von ihnen sterben.

Die meisten durch Insektenstiche übertragenen Virusinfektionen wurden am Ende des 19. und zu Beginn des 20. Jahrhunderts beschrieben. Die Forschung bemühte sich um Impfstoffe und entwickelte Insektizide zur Bekämpfung der krankheitsübertragenden Tiere. Durch internationale Anstrengungen gelang es in den 1950er und 1960er Jahren, die Erkrankungen, vor allem in Afrika, zurückzudrängen. In den letzten 30 Jahren ist die Anzahl der Infektionen trotz Aufklärung und Einsatz von Impfungen und Insektenbekämpfungsmitteln wieder gestiegen. Am stärksten breitet sich das Denguefieber aus, für das es heute noch keinen Impfstoff gibt. Die gemeldeten Fälle erhöhten sich in den letzten Jahren jeweils um mehr als 25 Prozent. Die Weltgesundheitsorganisation der Vereinten Nationen (WHO) geht davon aus, dass sich jährlich rund 100 Millionen Menschen infizieren. Auch das West-Nil-Fieber sowie die Japanische Enzephalitis breiten sich vermehrt aus. Im Kampf gegen Malaria konnten Fortschritte erzielt werden. Die Todesfälle gingen von 2000 bis 2014 um 47 Prozent zurück. Im Jahr 2013 sind jedoch immer noch rund 200 Millionen Menschen an Malaria erkrankt, von denen über 550.000 gestorben sind.[224]

Neue unbekannte Infektionskrankheiten kommen hinzu. So wurde z.B. 1994 das Alkhurma-Virus in Saudi Arabien entdeckt, als ein Mann sich beim Schlachten eines Schafes tödlich infizierte. Das Schaf trug das Virus in sich, das von der Zecke *Ornithodoros savignyi* übertragen wird. Die Zecken mögen vor allem Kamele und Schafe, können aber auch den Menschen stechen. Bis zum Jahr 2009 sind rund 100

Menschen an der Infektion erkrankt, 25 sind verstorben. Obwohl die Zecke bereits seit langem bekannt ist, wusste die Forschung nichts von dem Virus und der Gefahr, die von ihr ausgeht.[225]

Zwar sind heute bereits eine Million Arten bekannt und beschrieben. Biologen gehen jedoch davon aus, dass die meisten Insekten noch nicht entdeckt sind, weil sie in den schwer zugänglichen Tropenwäldern leben und dort schwierig zu beobachten sind. Mit jedem Meter, den wir von der unberührten Natur entdecken, stossen wir auf neue Arten und damit auf neue Chancen oder Gefahren. In Zukunft werden neue Viren und Virusüberträger auf uns zukommen.

Schon immer blieben Infektionskrankheiten nicht in einer Region, sondern vergrösserten ihre Verbreitungsgebiete über Landwege, später Schiffe und heute vermehrt über Flugzeuge. Da die Reisetätigkeit innerhalb der einzelnen Länder ebenfalls zugenommen hat, breiten sich die Virusträger und Insekten nach Ankunft in einem Land immer schneller aus.

So wurden z.B. im Jahr 1999 mit dem West-Nil-Virus infizierte, ursprünglich nur in Südeuropa und Afrika vorkommende Tigermücken plötzlich in New York City gefunden. Die Insekten dehnten ihre Lebensräume rasch in ganz Nordamerika aus und sind bis heute eine ernstzunehmende Gefahr. Allein im Jahr 2014 wurden über 2.000 am West-Nil-Fieber erkrankte Menschen gezählt, von denen 97 starben. Insgesamt kam es zu 41.762 Infektionen mit 1.765 Toten.[226]

Die gefährlichen Fieberkrankheiten werden in der Regel von Insekten übertragen, die sich in der Vergangenheit nur in tropischen Regionen wohl fühlten. Aufgrund gestiegener Temperaturen können sie sich nun aber auch in nördlicheren Regionen ansiedeln. So haben sich z.B. die im Jahr 1975 mit Lieferungen von gebrauchten Autoreifen aus Ostasien nach Rumänien eingeführten Asiatischen Tigermücken (*Aedes albopicti*) in den letzten Jahrzehnten in Italien, Südfrankreich und Spanien und seit 2003 auch in der Schweiz ausgebreitet.[227]

Entscheidend für die Gefährlichkeit der Mücken ist, ob diese einen Krankheitsvirus in sich tragen. Im Jahr 2010 stellte man erstmals autochthone Fälle des Denguefiebers in Westeuropa fest. So wurden zwei Personen in Südfrankreich, eine in Italien und eine in Kroatien direkt von Mücken infiziert.[228] In den Jahren von 2009 bis 2011 sind jährlich über 1.000 mit Denguefieber erkrankte Europäer von asiatischen Reisen zurückgekehrt.[229] Da die Krankheit ohne Mücken nicht von Mensch zu Mensch übertragbar ist, konnte sich die Infektion nicht ausbreiten. Die nun im Jahr 2010 festgestellten direkten Übertragungen zeigen ein ernstes Problem: Das Denguefieber ist in Europa endgültig angekommen. Die WHO sieht deswegen heute auch Europa als potentielle Region für einen Ausbruch von Denguefieber und stuft die Krankheit für weltweit 2,5 Milliarden Menschen als ernsthafte Gefahr ein.[230]

Die WHO ist sehr besorgt über die Entwicklung der durch Insekten hervorgerufenen Krankheiten und beschreibt diese als weltweite Bedrohung. Entsprechend widmete die Organisation im Jahr 2014 den Weltgesundheitstag den «vector-borne diseases».

2.1.1 Virusübertragende Insekten

Es gibt zahlreiche gefährliche und teilweise lebensbedrohliche Fieberkrankheiten, die durch wenige Insektenarten übertragen werden.

Mücken sind die gefährlichsten Insekten. So übertragen z.B. die Ägyptischen (*Aedes aegypti*) und die Asiatischen Tigermücken (*Aedes albopictus*) Dengue-, Chikungunja-, West-Nil- und Gelbfieber. Die Mücken der Gattung Anopheles verursachen Malaria, die Sandmücken (Phelbotominae) sind Auslöser für Leishmaniose und die Reisfeldmücken (*Culex tritaeniorhynchus*) infizieren die Menschen mit der Japanischen Enzephalitis.

Fliegen wie z.B. die Tsetsefliege (*Glossina*) übertragen die Schlafkrankheit. Zecken wie z.B. der Gemeine Holzbock (*Ixodes ricinus*) übertragen die Lyme-Borreliose und Zecken wie die *Dermacentor reticulatus* sind Verursacher des Omsk-hämorrhagischen Fiebers.

Während Stechmücken überwiegend die tropischen Zonen und praktisch die gesamte südliche Halbkugel bevölkern, sind Zecken vor allem auf der nördlichen Erdhälfte heimisch. Dabei vermischen sich zusehends die traditionellen Lebensräume: Tropische Arthropoden breiten sich nach Norden und asiatische nach Westen aus.

So hat sich z.B. das Vorläufervirus von der bekannten Frühsommer-Meningoenzephalitis, die durch Schildzecken übertragen wird, von Ostrussland und Japan über Zentral- und Westeuropa bis England ausgebereitet.[231]

Das Problem der vektorübertragenen Krankheiten ist in den letzten Jahrzehnten zu einem globalen Thema geworden. Kein Land kann sich sicher vor dem Einschleppen und leider auch nicht mehr vor dem autochtonen Ausbrechen von Infektionen schützen.

2.1.2 Ursachen und Trends der Virusübertragungen

Warum haben sich die Infektionen und die virusübertragenden Tiere immer weiter ausgebreitet? Nachstehend werden einige Ursachen und Trends für Virusübertragungen erläutert:

1) Das Ausmass der Insektenpopulation und die damit zusammenhängende Häufigkeit von Infektionen korrelieren mit dem Entwicklungsstand einer Region. Je ärmer die Menschen sind, desto eher sind sie gefährlichen Stechmücken, Fliegen und Zecken ausgeliefert. In den tropischen und subtropischen «Ursprungsregionen» beschleunigen die ärmlichen Wohn- und Arbeitsverhältnisse die Entwicklung der Insekten. Eine Virusübertragung von Mensch zu Mensch durch einen Vektor wird z.B. dadurch begünstigt, dass viele kleine Hütten oder Wohnungen dicht beieinander liegen und in den Wohnräumen viele Menschen auf engem Raum leben. Durch die rasche Vergrösserung der Städte entstehen vermehrt solche armen Siedlungen, die ideale Nährböden für gefährliche Insekten bieten.

Die ungenügende Kanalisation zieht Fliegen an, die genauso wie Stechmücken und Zecken Fieberkrankheiten übertragen können. Die dürftige Müllentsorgung wiederum hinterlässt viele kleine Gegenstände, wie Plastiktüten oder Dosen, die sich mit Wasser füllen und damit ideale Brutstätten für weitere Mücken bilden. Meist findet die Abfallentsorgung direkt neben dem Wohnort statt. Stechmücken, die sich ursprünglich an entfernten Gewässern entwickeln, werden so ungewollt direkt in der menschlichen Umgebung «gezüchtet».

2) Überall auf der Welt beeinflusst der Mensch die natürlichen Wasserwege. Sei es, um mittels Staudämmen Wasserreserven anzulegen oder sich zu schützen, oder durch Flussbegradigung Schifffahrt möglich zu machen, oder mit der Errichtung von kleinen Wasserläufen die Landwirtschaft zu unterstützen. Dort, wo man fliessendes Wasser verlangsamt oder anhält und damit aus tiefen flache Gewässer entstehen, finden Mücken bessere Brutorte als sonst in der Natur vor.

3) Die globale Erderwärmung begünstigt generell die Entwicklung der tropischen Stechmücken und Fliegen. Auch die Zecken, die sich in der Regel nur in flachen Gebieten aufgehalten haben, können sich nun in höheren Regionen ausbreiten.

4) Das intensive Bevölkerungswachstum im tropischen und subtropischen Bereich hat in den letzten Jahrzehnten die Entwicklung der auf die Menschen angewiesenen Parasiten gefördert.

5) Mit der steigenden Mobilität werden Krankheiten und Viren sowie Vektoren national und international verteilt. So finden Parasiten immer wieder gesunde Menschen für die Virusübertragung vor.

6) Die Steigerung des weltweiten Handels mit Tieren erhöht die Präsenz von infizierten Tieren, die Wirte für die Übertragung zum Menschen darstellen. Auch infizierte Zugvögel, die vorher nicht in gemässigte Regionen vorgedrungen sind, können – begünstigt durch den Klimawandel – nun an neuen Orten indirekte Überträger von Krankheiten werden.[232]

Die genannten Punkte zeigen, warum sich die krankheitsübertragenden Insekten in den letzten Jahrzehnten in den tropischen und subtropischen Regionen gut entwickeln konnten. Zwar wurden internationale Anstrengungen dagegen unternommen, sie konnten die Verbreitung aber nicht aufhalten. Die Massnahmen einzelner Länder auf einem Kontinent reichen aufgrund der grenzübergreifenden Ausbreitung der Insekten nicht aus. Kontinentale Aktivitäten brauchen jedoch die Übereinstimmung aller Länder, die nur dann zu erzielen ist, wenn eine akute Gefahr erkannt wird. Nur konsequente und vor allem permanente Programme, unabhängig vom jeweiligen Stand der Insektenpopulation, sind dauerhaft wirksam. Das zeigt die wechselvolle Geschichte des Denguefiebers in Amerika, auf die weiter unten eingegangen wird.

Wie werden sich die Virusübertragungen auf der nördlichen Halbkugel entwickeln?

1) Gefährliche Krankheiten und die sie übertragenden Insekten werden vermehrt auch ausserhalb der tropischen Regionen eingeführt. Der internationale Tourismus sowie die weltweiten Warenbewegungen werden nicht abnehmen. Bereits heute gibt es virusübertragende Insekten in Europa, wie die Tigermücken zeigen. Das grössere Problem stellt sicherlich die mögliche Einfuhr von Insekten dar, die das Virus in sich tragen. Aufgrund der geringen Grösse und der Beweglichkeit der Insekten wird dieses Problem nicht zu lösen sein.

2) Voraussetzung für eine dauerhafte Ansiedlung der Insekten ist die klimatische Anpassung. Die bereits in Europa lebenden Tigermücken zeigen, dass der allgemeine Temperaturanstieg bereits ausreicht, damit sich die tropischen Mücken langfristig auch auf der Nordhalbkugel etablieren können.

3) Jede Ausweitung der Zivilisation bedeutet einen Eingriff in die Natur und damit in den natürlichen Kreislauf und Haushalt. Über Jahrhunderte eingespielte Gleichgewichte werden gestört. Ein Beispiel aus Nordamerika zeigt mögliche Auswirkungen: Nördlich von New York City wurden in den 1990er Jahren grosse Wälder abgeholzt, um kleine Wohnsiedlungen entstehen zu lassen. Raubtiere wie Wölfe und Greifvögel, die grosse, zusammenhängende Wälder brauchen, wanderten ab. Dafür konnten sich kleine Nagetiere vermehrt ansiedeln und ebenso Hirsche, die nun mehr Lebensraum vorfanden. In ihnen fanden die Hirschzecken (*Ixodes scapularis*) geeignete Wirte, sodass sie sich rasch entwickeln konnten. Seit Jahren hat die Region um Dutchess City die höchste Anzahl von Zeckenstichen in den USA: Jährlich werden 400 von 100.000 Bewohnern von Lyme-Borreliose befallen.[233]

Um das Spektrum aufzuzeigen, welche Schäden Insekten dem Menschen direkt zufügen können, werden nachstehend wichtige Krankheiten aufgeführt, die Insekten und Zecken durch direkte oder indirekte Übertragung von Bakterien und Viren verbreiten.

2.1.3 Krankheiten, die durch Mücken verursacht werden

Stechmücken stören uns immer wieder. Fast jeder ist schon einmal gestochen und entsprechend sensibilisiert worden, wenn die Hausmücke (*Culex pipiens*) im Zimmer herumschwirrt. Dabei stechen den Menschen nur die wenigsten Mücken. Viele Insekten ziehen das Blut von Tieren vor. Die Männchen stechen überhaupt nicht, weil sie die Blutproteine nicht zur Eiproduktion brauchen und sich von Nektar ernähren.

Chikungunyafieber

Die Krankheit wurde erstmals 1952 in Tasmanien und Uganda nachgewiesen. Sie ist mit hohem Fieber, schweren Gelenkschmerzen und einer hohen Berührungsempfindlichkeit verbunden. In der Regel ist der Verlauf gutartig, nur wenige Todesfälle sind bekannt.

Das Fieber wird von den Stechmücken *Aedes aegypti* sowie *Aedes albopictus* übertragen und kommt vor allem in Asien und Afrika vor. Die Krankheit breitet sich sehr schnell aus. So haben sich z.B. in Indien im Jahr 2006 etwa 1,25 Millionen Menschen mit dem Virus angesteckt. Es gab Regionen, in denen bis zu 45 Prozent der Bevölkerung infiziert waren.[234] Auf den beiden Inseln vor Madagaskar, Mauritius und La Réunion, erkrankten im gleichen Jahr über 210.000 Menschen.[235]

Immer mehr Touristen führen diese Krankheit nach Europa ein. So breitete sich das Fieber im Jahr 2007 plötzlich in Italien aus, als sich rund 200 Menschen in einer kleinen Region ansteckten.[236] In Deutschland wurden zwischen 2006 und 2013 jährlich zwischen 17 und 53 neue Fälle gemeldet.[237]

Denguefieber

Das Denguefieber ist sehr gefährlich und weit verbreitet. Es ist mit grippeähnlichen Symptomen verbunden, in schweren Fällen kommt es zu inneren Blutungen, Schockzuständen und schliesslich zum Tod. Das Denguefieber wird von der *Aedes aegypti* übertragen, die auch Ägyptische Tigermücke oder Denguemücke genannt wird.

Wahrscheinlich ist das Denguefieber zum ersten Mal im Jahr 1635 auf Martinique ausgebrochen. Sichere Dokumente liegen dagegen für das Jahr 1780 vor, als in Philadelphia die Krankheit ausbrach und die konkreten Symptome beschrieben wurden. Das Denguevirus selbst konnte erst 1944 isoliert und analysiert werden.

Von Afrika aus verbreitete sich das Fieber in der ganzen Welt. Nach einer grossen Epidemie in Griechenland in den 1930er Jahren, bei der sich eine Million Menschen infizierten, wurde die Mücke aus Europa zurückgedrängt. In den letzten Jahren häufen sich aber wieder Fälle in Europa.

Im 19. Jahrhundert verursachte das Denguefieber in Süd- und Nordamerika mehrere regionale Epidemien. Die Anfang des 20. Jahrhunderts von einzelnen Ländern lokal ergriffenen Massnahmen reichten nicht aus, um die virusübertragenden Tigermücken zurückzudrängen. Bei den «The Pan American Health Conferences» konnte in den 1940er Jahren die Einigung erzielt werden, die *Aedes aegypti* systematisch mit dem neu aufgekommenen synthetischen Insektizid DDT (Dichlordiphenyltrichlorethan) in allen Ländern der beiden Kontinente zu bekämpfen. Bereits in den 1950er Jahren konnte nur noch von einer Infektion berichtet werden und 1962 galten 18 Länder als tigermückenfrei.[238]

Dieser Erfolg verleitete die Staaten zu dem Schluss, dass keine gemeinsamen und gezielten Eingriffe mehr notwendig seien. Seit den späten 1960er Jahren kamen wieder Krankheitsfälle auf, die als Ergebnis der reduzierten Massnahmen und der einsetzenden Resistenz der Tigermücken gegen DDT und andere Insektizide gelten. In den 1970er Jahren wurden rund 120.000 schwere Erkrankungen jährlich gezählt, in den 1980er Jahren knapp 300.000 und seit den 1990er Jahren über 500.000.[239]

Die WHO schätzt, dass die *Aedes aegypti* jedes Jahr ca. 100 Millionen Menschen weltweit mit dem Virus des Denguefiebers infiziert.[240] Von den 500.000 Menschen, bei denen die Krankheit ausbricht, sterben rund 22.000. Gegen die Krankheit gibt es keine Impfmöglichkeit.

Gelbfieber

Auch das Gelbfieber wird durch die Stechmücke *Aedes aegypti* übertragen, die neben dem Namen Denguemücke daher auch den Namen Gelbfiebermücke trägt. Die Krankheit ist mit Fieber, Übelkeit und Schmerzen verbunden. In ca. 15 bis 30 Prozent der Fälle endet die Krankheit tödlich.

Die Gelbfiebermücke ist vorwiegend in tropischen und subtropischen Regionen heimisch. In Afrika ist sie schon seit Jahrtausenden bekannt. Durch den vor 500 Jahren aufgekommenen Sklavenhandel verbreitete sich die Mücke in der ganzen Welt, hauptsächlich in Südamerika, aber auch in Nordamerika und Europa.[241] Im 18. und 19. Jahrhundert starben bei über 100 Epidemien über 10.000 Menschen.

Obwohl bereits seit 50 Jahren sichere Impfmethoden bestehen, erkranken jedes Jahr rund 200.000 Menschen, von denen 30.000 am Gelbfieber sterben, davon über 90 Prozent in Afrika.[242] In Europa gab es in den letzten Jahren keine autochthonen Fälle und in Deutschland auch keine Fälle von eingeschlepptem Gelbfieber.[243]

Japanische Enzephalitis

Die Fieberkrankheit, die 1935 erstmals beschrieben wurde, tritt in Ost- und Südostasien auf. Die Hauptwirte sind Vögel und Schweine, deren Viren über Stechmücken auf den Menschen übertragen werden. Hauptüberträger ist die in Asien endemische Reisfeldmücke *Culex tritaeniorhynchus*. Die Infektion wird in der Regel von Fieber und Schmerzen begleitet und führt bei 30 bis 50 Prozent der Fälle zu langfristigen Störungen des Nervensystems und bei 20 bis zu 30 Prozent der Fälle zum Tod. Vor allem Jugendliche bis 15 Jahre werden infiziert, ältere Menschen scheinen gegen das Virus resistenter zu sein. Obwohl Impfmöglichkeiten bestehen, rechnete die WHO 2012 mit 70.000 erkrankten Menschen und über 15.000 Todesfällen.[244]

Die Krankheit bricht fast ausschliesslich in ländlichen Gegenden aus, die weit von den Ballungszentren entfernt sind. Man rechnet deswegen damit, dass viele Fälle erst gar nicht bekannt werden und die Zahl der Erkrankungen höher liegt.[245] Für Europa sind keine Fälle bekannt.

Leishmaniose

Die Krankheit wird von Schmetterlingsmücken der Unterfamilie Phlebotominae übertragen. Die Mücken stechen Tiere, insbesondere Hunde, und Menschen. Es werden drei unterschiedliche Krankheitsformen unterschieden: die kutane (Hautbefall), die mukotane (Schleimhautbefall) und die viszerale, die die inneren Organe angreift und tödlich verlaufen kann.

Die auch Sandmücken genannten Insekten kommen vorwiegend in den Tropen und Subtropen vor. Die WHO hat errechnet, dass ca. zwölf Millionen Menschen infiziert sind und jedes Jahr ein bis zwei Millionen Ansteckungen dazukommen, von denen ca. 200.000 bis 400.000 viszeral verlaufen. Insgesamt sterben jedes Jahr 20.000 bis 40.000 Menschen an Leishmaniose. Über 90 Prozent der Fälle werden aus den folgenden Ländern gemeldet: Indien, Bangladesch, Sudan, Süd-Sudan, Äthiopien und Brasilien.[246]

Von Afrika aus breitet sich die Sandmücke im gesamten Mittelmeerraum aus. Dort wurden zwischen 2004 und 2008 durchschnittlich über 85.000 Fälle von Leishmaniose jährlich gezählt.[247] Im Zeitraum von 2005 bis 2013 gab es durchschnittlich pro Jahr in Italien rund 100 und in Spanien rund 200 viszerale und damit potentiell tödlich verlaufende Leishmaniose-Fälle.[248]

In Deutschland wurden Anfang der 2000er Jahre zwei autochthone Fälle bekannt: Bei einem Kind und einem Hund wurde die Krankheit nachgewiesen, obwohl diese nie im Ausland gewesen sind. Gleichzeitig konnte ein potentieller Vektor in Süddeutschland beobachtet werden: die Sandmücke *Phlebotomus mascittii*. Die Mücke hat sich jedoch nicht ausgebreitet und weitere Fälle sind nicht bekannt geworden.[249]

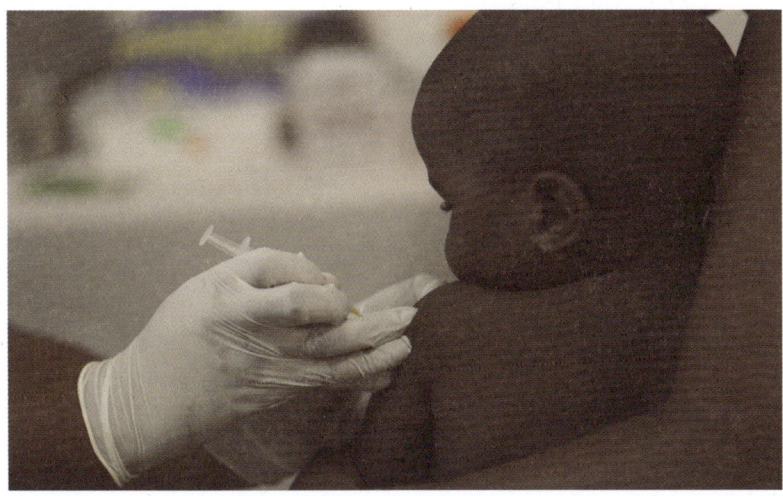

Abb. 12: An einem Impfstoff gegen Malaria, das Mücken der Gattung Anopheles übertragen, wird noch geforscht.
(Bild: © Ventures Africa)

Abb. 13: Das Gift in den Haaren der Eichenprozessionsspinner-Raupe (*Thaumetopoea processionea*) kann Dermatitis und Asthma auslösen.
(Bild: CC by Andreas März, flickr.com)

Malaria

Malaria, auch Sumpfkrankheit genannt, ist bereits seit über 3.000 Jahren in Afrika bekannt. Sie verbreitete sich ostwärts nach Asien sowie nordwärts nach Europa, wo sie vor allem in der zweiten Hälfte des 20. Jahrhunderts immer wieder grössere Epidemien verursachte.

Die durch die Anopheles-Mücken übertragene Malaria ist die häufigste vektorübertragene Krankheit: Im Jahr 2013 waren 200 Millionen Menschen betroffen. Über 550.000 von ihnen starben.[250] Über 90 Prozent der Todesfälle werden in Afrika, der Rest besonders in Südostasien und über zwei Prozent im Iran und Saudi Arabien gezählt.[251] In Europa ist Malaria nicht endemisch. Im Jahr 2011 wurden 69 autochtone Ansteckungen ausschliesslich in Südosteuropa registriert: 65 in Tadschikistan, vier in Aserbaidschan und der Türkei[252] und neun Fälle im Jahr 2012 in Griechenland[253]. Die europäischen Malariafälle tauchten ansonsten alle bei Touristen auf, die sich vornehmlich in Afrika aufgehalten haben. Das Robert Koch-Institut verzeichnete in den letzten Jahren in Deutschland durchschnittlich 500 Fälle.[254]

Die Vereinten Nationen kämpfen seit Jahren zusammen mit privaten Organisationen gegen Malaria. Die Massnahmen sind vielfältig: Aufklärung in den betroffenen Gebieten, Einsatz von Insektenbekämpfungsmitteln und Behandlung der Erkrankten. Obwohl keine sicheren Impfmethoden bestehen[255] (vgl. Abb. 12), sind Ansteckungen und insbesondere Todesfälle theoretisch vermeidbar: Durch Steigerung der Hygiene, Tragen von schützender Kleidung, Verwendung von Repellents und Insektennetzen, Einsatz von Insektiziden und im Krankheitsfall die frühzeitige Anwendung von Arzneimitteln. Die Vereinten Nationen haben errechnet, dass pro Jahr rund fünf Milliarden US-Dollar notwendig sind, um die Länder wirksam vor Malaria zu schützen. Im Jahr 2013 wurden insgesamt 2,7 Milliarden US-Dollar für den Kampf gegen Malaria ausgegeben.[256]

St. Louis Enzephalitis

Das Virus wurde von Afrika über Brasilien und Argentinien nach Nordamerika gebracht und dort 1933 entdeckt.[257] Diese zurzeit nur auf die USA beschränkte Fieberkrankheit wird hauptsächlich von den Culex Mücken übertragen: *Culex pipiens*, *Culex tarsalis* und *Culex quinquefasciatus.* Die St. Louis Enzephalitis ist mit hohem Fieber und Schmerzen verbunden und führt bei fünf bis 30 Prozent der Fälle zum Tod. In den USA sind in den letzten 40 Jahren über 5.000 Menschen infiziert gewesen, von denen rund 500 starben.[258]

West-Nil-Fieber

Das West-Nil-Fieber wurde erstmals 1937 im West-Nil-Distrikt in Uganda bei einem Menschen festgestellt. Es wird nicht nur von der Asiatischen Tigermücke (*Aedes albopictus*), sondern auch von der weit verbreiteten und in Europa und Amerika heimischen Stechmücke *Culex pipiens* übertragen. Betroffene zeigen grippeähnliche Symptome. Die Krankheit führt in schweren Fällen zu Hirnhautentzündungen und sogar in drei bis 20 Prozent der Fälle zum Tod. Eine Impfmöglichkeit besteht nicht.

Nach der Entdeckung wurden zunächst nur einzelne Fälle bekannt, bis 1997 plötzlich mehrere Menschen in Israel am West-Nil-Fieber erkrankten. Von dort aus gelangten virustragende Insekten nach Nordamerika und auch nach Süd- und Osteuropa, wo sich ebenfalls die Fälle mehrten. Im Jahr 2010 wurden im Europäischen Wirtschaftsraum insgesamt 200 autochthone Fälle bestätigt, davon in Griechenland 121, Rumänien 52, Ungarn 19, Italien drei und Spanien zwei. Insgesamt 40 Menschen verstarben.[259] Im Jahr 2012 wurden 232 Menschen infiziert, von denen 22 starben. 2013 erkrankten 226 Menschen in der EU, davon allein 42 in Italien. Auch in den direkten Nachbarländern werden mit 557 Meldungen vermehrt Fälle des West-Nil-Fiebers verzeichnet.[260]

2.1.4 Krankheiten, die durch Zecken verursacht werden

Zecken gehören zur Klasse der Milben und damit zu den Spinnen, die nicht zu den Insekten gezählt werden, jedoch wie die Insekten Arthropoden sind. Die Tiere sind blutsaugende Ektoparasiten, also Tiere, die nur zur Nahrungsaufnahme auf ihren Wirten leben. Hauptsächlich kommen Zecken auf dem nördlichen Teil der Weltkugel vor: Asien,

Russland, Europa und Nordamerika. Zecken können die nachfolgenden gefährlichen und teilweise tödlich verlaufenden Krankheiten verursachen.

Frühsommer-Meningoenzephalitis (FSME)

Die Symptome der Frühsommer-Meningoenzephalitis (FSME) wurden erstmals in den 1930er Jahren in Europa, Ostasien und Russland beobachtet. 1948 konnte dann das FSME-Virus isoliert werden.[261] Die Krankheit ist eine typische Zoonose, bei der Schildzecken – in Westeuropa der Gemeine Holzbock (*Ixodes ricinus*) – das Virus von kleinen Säugetieren auf den Menschen übertragen.

Die Krankheit ist mit grippeähnlichen Symptomen verbunden. Bei ca. zehn Prozent der Infektionen tritt ein schwerer Krankheitsverlauf auf, der mit einer Meningoenzephalitis (Entzündung von Gehirn und Hirnhäuten) verbunden ist und in 0,5 bis zwei Prozent der Fälle zum Tod führt.[262]

Die Meningoenzephalitis war seit langem in Süd- und Mitteuropa und Russland verbreitet. Seit den 1990er Jahren werden auch Fälle in Nordeuropa gemeldet – mit steigender Tendenz: Während man im Zeitraum 1976 bis 1989 in Europa inklusive Russland rund 38.000 Fälle (jährlicher Durchschnitt: 2.000) zählte, waren es von 1990 bis 2009 schon rund 170.000 Fälle mit einem jährlichen Durchschnitt von 8.500. In Westeuropa betrug die durchschnittliche Zahl der jährlichen Neuinfektionen über 2.500.[263] In Deutschland wurden im Zeitraum 2002 bis 2012 jährlich zwischen 195 und knapp 550 Fälle registriert.[264]

Die relativ niedrige Zahl für Deutschland ist vor allem auf die weit verbreitete Inanspruchnahme der Impfmöglichkeit zurückzuführen. Im Jahr 2012 haben sich z.B. über 30 Prozent der Einwohner der süddeutschen Risikobundesländer Baden-Württemberg und Bayern impfen lassen.[265]

Begründet wird die schnelle Ausbreitung der Krankheit in den letzten Jahrzehnten vor allem mit dem Klimawandel: Der Temperaturanstieg in der zweiten Hälfte des letzten Jahrhunderts sowie die Zunahme der Luftfeuchtigkeit vergrössern die Lebensräume der Zecken. Sie können sich weiter nach Norden ausbreiten und zusätzlich höhere Lagen bevölkern. So werden z.b. erst seit den 1990er Jahren vermehrt Meningoenzephalitisfälle in den skandinavischen Ländern gemeldet.[266] Mittlerweile findet man Zecken bereits auf Höhen zwischen 900 und 1.300 Metern.[267]

Krim-Kongo-Fieber

Das Fieber wurde erstmals 1944 auf der Krim in Russland beobachtet und das Krim-Kongo-Fieber-Virus aus der Gruppe der Arboviren erstmals im Kongo isoliert. Es wird von der Zecke *Hyalomma marginatum* übertragen, die in Afrika, Asien, dem mittleren Osten sowie in Ost- und Südwesteuropa verbreitet ist.[268]

Die Krankheit verursacht Fieber, Schüttelfrost, Kopf-, Gelenk- und Muskelschmerzen. Bei ca. 20 Prozent der Fälle treten starke Hämorrhagien (Blutungen) auf, die in vielen Fällen zum Tod führen. Die Letalität beträgt zwischen zwei und 50 Prozent. Das Fieber ist stark ansteckend, Impfmöglichkeiten bestehen nicht.

Seit Ende der 1990er Jahre wird das Fieber vermehrt in Südosteuropa festgestellt. Fälle werden aus Albanien, Bulgarien und dem Kosovo gemeldet. In der Türkei kommen die meisten Erkrankungen vor: Von 2002 bis 2008 stieg die Zahl der jährlichen Infektionen von zehn auf mehr als 1.100, insgesamt sind 113 Menschen an dem hämorrhagischen Fieber gestorben.[269] Im Jahr 2010 betrug die Zahl der Toten 61.[270] In Griechenland wurde im Jahr 2008 eine tödlich verlaufende autochthone Infektion bekannt.[271] In Deutschland gab es 2008 zwei Fälle des eingeschleppten Krim-Kongo-Fiebers, ein Fall verlief tödlich.[272]

Lyme-Borreliose

Die Lyme-Borreliose, deren Krankheitssymptome bereits Ende des 19. Jahrhunderts beschrieben wurden[273], konnte erstmals 1977 in der Stadt Lyme in den USA wissenschaftlich festgestellt werden. Sie ist die häufigste von Zecken auf den Menschen übertragende Krankheit. Das Bakterium Borrelia burgdorferi wird in Europa durch den Gemeinen Holzbock (*Ixodes ricinus*), in Osteuropa durch *Ixodes persulcatus* und in Nordamerika durch *Ixodes scapularis* und *Ixodes pacificus* übertragen.[274]

Die Borreliose wird als Multiorgankrankheit beschrieben. Nach anfänglichen grippeähnlichen Symptomen entwickeln sich Gelenkschmerzen und chronische Ermüdungserscheinungen. Schlussendlich können jahrelange, nervliche Beschwerden zurückbleiben.

Die Krankheit ist in ganz Europa flächendeckend verbreitet. Jährlich werden über 30.000 Fälle registriert, davon rund 5.000 in Deutschland.[275] In den USA steigt die Zahl der Infektionen seit vielen Jahren an: Wurden 1992 knapp 10.000 Fälle registriert, so waren es im Jahr 2006 knapp 20.000 und in 2012 rund 25.000.[276]

Q-Fieber

Die Zoonose Q-Fieber wurde zum ersten Mal 1935 in Australien und in den 1940er in den USA, sowie Ost- und Westeuropa beschrieben. Heute ist die Krankheit bis auf Neuseeland und die Antarktis überall auf der Welt verbreitet.[277] Der Name «Q-Fever» kommt vom englischen «Query» (Frage), weil man sich die Krankheit zunächst nicht erklären konnte. Sie wird vom Bakterium Coxiela bumetii verursacht, das sich hauptsächlich bei Zecken findet. Vor allem die Auwaldzecke (*Dermacentor reticulatus*) aber auch weitere 40 Zeckenarten legen das Bakterium auf Tiere, wie z.B. Schafe und andere Paarhufer ab.[278] Die Übertragung auf den Menschen geschieht durch die Aufnahme kontaminierten Staubes oder durch direkten Kontakt mit infizierten Tieren.

Die Krankheit ist sehr ansteckend. So reichen weniger als zehn Bakterien für eine Infektion, von denen Zecken mehr als eine Milliarde pro Gramm Körpergewicht besitzen können.[279] Die Bakterien wirken aufgrund ihrer wetter- und umweltstabilen Eigenschaften wochenlang. Sie werden mit Wind in die Umgebung ausgetragen und können Infektionen bis zu einem Umkreis von mehr als zehn Kilometer auslösen.[280]

Die Krankheit kann zu Fieber, Gelenk-, Kopf- und Muskelschmerzen sowie zu Leber- oder Lungenentzündungen führen, mit denen lange Arbeitsunfähigkeit verbunden ist. Todesfälle sind nicht bekannt.

Die Infektionen verbreiten sich plötzlich. So kam es in Holland im Jahr 2007 zu einer Epidemie, an der bis zum Jahr 2010 über 4.000 Personen erkrankten. Um die Ausbreitung zu unterbinden, wurden über 60.000 Tiere getötet.[281] In Deutschland infizierten sich im Jahr 2003 in einer Stadt plötzlich 299 und im Jahr 2005 in einer anderen Stadt über 330 Menschen.[282] Auslöser waren in den drei Fällen virustragende Schafherden. Von 2006 bis 2010 infizierten sich in Europa ca. 7.000 Menschen, über 80 Prozent davon in Holland, Deutschland und Frankreich.[283] In den USA erkrankten im gleichen Zeitraum rund 650 Menschen.[284] Grundsätzlich geht man von einer höheren Zahl der Infektionen aus, weil die Krankheit nur in 50 Prozent der Fälle zu länger anhaltenden Beschwerden führt, die in der Regel mit einem Krankenhausaufenthalt verbunden sind und damit statistisch erfasst werden.

Rickettsiosen

Die 14 verschiedenen bekannten Rickettsia-Bakterien sind auf allen fünf Kontinenten zu finden und verursachen unterschiedliche Rickettsiosen. Beispielhaft sind zu nennen: Sibirischer Zeckentyphus, Queensland Zeckentyphus, Israelisches Fleckfieber, Japanisches Fleckfieber und Afrikanisches Zeckenstichfieber.[285]

Für Europa ist vor allem das Mittelmeer Fleckenfieber relevant, dessen Symptome erstmals 1909 in Tunesien beobachtet wurden. 1925 konnte man in Marseille die Übertragung durch Zecken beschreiben.[286] Der Vektor für die Übertragung der Rickettsia conirii ist die Zecke *Rhipicephalus sauguineus*, die hauptsächlich Hunde befällt. Die Übertragung auf den Menschen ist jedoch auch möglich. Die Krankheit ist mit Fieber und Exanthemen (Hautausschlag) sowie Kopf- und Gliederschmerzen verbunden. Die Letalität liegt bei unter drei Prozent.[287] Andere Formen der Rickettsiosen werden z.B. von der *Ixodes ricinus* übertragen und verlaufen milder. In Europa wurden bislang nur einzelne Fälle beim Menschen erwähnt. In den letzten Jahren fand man allerdings vermehrt Zecken mit gefährlichen Rickettsia-Bakterien in Italien, England und Schweden.[288]

Für Amerika und besonders Nordamerika ist die bereits seit 1906 bekannte Rickettsiose, das Rocky-Mountain-Fieber, von Bedeutung.

Es wird hauptsächlich über die *Ixodes dermacentor* übertragen.[289] Die Krankheit ist mit starken grippeähnlichen Symptomen und grösseren Exanthemen verbunden. Bei schweren Verläufen kommen Blutdruckabfälle, Nierenversagen und Schockzustände dazu, die ohne Behandlung bei 20 bis 80 Prozent der Fälle zum Tod führen.[290] Die Letalität bei Behandlung beträgt unter einem Prozent. Die Rickettsiose breitet sich in den USA schnell aus: Bis Ende der 1990er Jahren wurden weniger als 500 Personen jährlich infiziert. Im Zeitraum 2000 bis 2005 erkrankten jährlich rund 1.000 Personen, im Zeitraum 2005 bis 2010 rund 2.000 Personen.[291]

2.1.5 Weitere Gefährdungen durch Arthropoden

Tsetsefliege

Von der Tsetsefliege gibt es 30 Arten. Nur die hauptsächlich in Afrika vorkommende *Glossina palpalis* ist besonders gefährlich, denn sie gilt als Überträgerin der Schlafkrankheit. Der Stich ist sehr schmerzhaft und kann sogar durch die Kleidung dringen. Bei einem Prozent der gestochenen Menschen bricht die Krankheit aus: Fieber, Störungen des Nervensystems und anhaltender schläfriger Dämmerzustand. Aufgrund präventiver Abwehrmassnahmen (z.B. Moskitonetze) konnte die Zahl der Neuerkrankten reduziert werden: Im Zeitraum von 2000 bis 2012 sank die Zahl der registrierten Fälle von rund 25.000 auf 7.000.[292]

Krätzmilbe

Die Krätzmilbe (*Sarcoptes scabiei*) wird nur bis zu 0,5 Millimeter gross, aber sie ist sehr unangenehm: Sie gräbt sich bis zu 2,5 Zentimeter tief in die Haut ein, um dort ihre Eier abzulegen. Nach 14 Tagen verlassen dann die adulten Tiere die Stelle. Die Ansiedlung ist mit Juckreiz und einem erhöhten Infektionsrisiko verbunden. In Europa kommt die Milbe nur sporadisch vor, in Entwicklungsländern ist sie dagegen stark verbreitet. Man schätzt heute, dass ca. 300 Millionen Menschen befallen sind.[293]

Wespen und Bienen

Wespenstiche sind schmerzhaft und führen in aller Regel zu Juck-reizungen und Hautschwellungen. Sie können auch zu schwer verlaufenden Allergieerscheinungen (Anaphylaxien) führen, die meist mit Begleiterkrankungen einhergehen. Im deutschsprachigen Raum gehen über 35 Prozent aller Anaphylaxien auf Wespenstiche und zehn Prozent auf Bienenstiche zurück.[294] Für Deutschland geht man von jährlich mehr als 20 Todesfällen aus, die auf Insektenstiche zurückzuführen sind.[295] Gemäss englischen und amerikanischen Studien erleiden demnach in Europa jährlich über 10.000 Menschen schwer verlaufende Allergien durch Insektenstiche, die in einzelnen Fällen zum Tod führen.[296]

«Killerbienen»

Der brasilianische Bienenforscher Warwick Kerr brachte afrikanische Honigbienen im Jahr 1956 für Forschungszwecke nach Südamerika. Dort konnten einige von ihnen entweichen. Das Gift der Insekten ist nicht gefährlicher als das von anderen Bienen. Die sogenannten «Killerbienen» sind jedoch aggressiver, sie stechen dreimal häufiger und schneller zu als andere. Der Begriff «Killerbienen» wurde 1965 verwendet, weil man mehr als 150 Todesfälle auf die Bienen zurück-führte.[297] Eine genaue Überprüfung war nicht möglich, da die Bienen anderen Bienen sehr ähnlich sind. In den 1980er Jahren wurden die Insekten auch in den USA gefunden, wo jährlich mindestens 40 Personen an den Folgen von Bienen- und Wespenstichen sterben. Die Insekten stechen nicht ohne Bedrängnis, in aller Regel zeigen Bienen und Wespen nur dann aggressives Verhalten, wenn Menschen sie oder ihre Nester angreifen.

Hausstaubmilben

Menschen können empfindlich auf den Kot von Hausstaubmilben reagieren. Er zerfällt in kleinste Teilchen, die zusammen mit dem Staub vom Menschen aufgenommen werden. Zu den allergischen Krankheitssymptomen gehören Augen- und Hautreizungen und Niesanfälle, selten kommt es bei schwerwiegenden Fällen zu Atem-not. Man geht davon aus, dass in Deutschland ca. 20 Prozent aller

Allergien auf Hausstaubmilben zurückgehen[298] und 21,2 Prozent aller drei bis 17-Jährigen sensibel auf den kontaminierten Staub reagieren.[299]

Flöhe

Der Menschenfloh (*Pulex irritans*) sticht und saugt das Blut von Menschen, aber auch von Schweinen, Hunden und anderen Säugetieren. Befallene Personen können auf die Stiche unempfindlich reagieren oder aber anhaltenden Juckreiz verspüren. In Westeuropa ist diese Flohart praktisch ausgestorben.

Kopfläuse

Kopfläuse (*Pediculus capitis*) brauchen ebenfalls das Blut des Menschen. Sie verursachen Juckreiz und springen gern auf weitere Wirte über. In Deutschland ist es deswegen für Kinder sogar rechtlich verboten, mit Kopfläusen in den Kindergarten oder in die Schule zu gehen. Kopfläuse kommen häufig vor: Eine Studie konnte ermitteln, dass ca. zehn Prozent aller Kinder einmal an Kopfläusen leiden.[300]

Eichenprozessionsspinner

Der Eichenprozessionsspinner (*Thaumetopoea processionea*, vgl. Abb. 13) bevorzugt warme Lebensräume und breitet sich aufgrund der globalen Klimaerwärmung von Südeuropa ebenfalls immer mehr in Mitteleuropa aus. Mehrere Länder berichten seit 1990 von einer starken Zunahme und einer mittlerweile flächendeckenden Ausbreitung. In Wald- und Stadtgebieten werden grossräumig Insektizide zur Bekämpfung eingesetzt.[301] Am stärksten hat sich der Falter in Holland vermehrt. Dort müssen sich jedes Jahr rund 80.000 Menschen nach Infektionen behandeln lassen.[302]

Die Haare der Raupen enthalten ein Nesselgift, das Dermatitis und Asthma auslösen kann. Abgebrochene Haare werden durch Wind in der Umgebung verteilt und können so den Menschen unmittelbar gefährden. Pro Raupe werden über 500.000 Gifthaare gezählt, deren Wirkung bis zu zwölf Jahre anhalten kann.[303]

2.2 Insekten gefährden Tiere

Insekten gefährden in hohem Masse nicht nur Menschen, sondern auch Tiere. Dazu gehören wildlebende Tiere wie z.B. Rehe, Hasen oder Vögel, Nutztiere wie Kühe, Schafe oder Rinder und Haustiere wie Hunde und Katzen. Sie alle werden von Parasiten geplagt, gestochen und teils auch infiziert. Die Krankheiten können zu Tierseuchen führen, die ganze Bestände reduzieren oder auch zu Zoonosen, bei denen die Krankheiten auf den Menschen übertragen werden.

Die Weltorganisation für Tiergesundheit OIE stuft insgesamt 89 Krankheiten als beobachtungs- und meldepflichtig ein, wovon 29 durch Insekten verursacht bzw. übertragen werden.[304] Mehrere Millionen Tiere sterben jedes Jahr nach Insektenstichen. In Afrika verenden z.B. jährlich ca. drei Millionen Kühe und Rinder an der Schlafkrankheit (Nagana), die durch die Tsetsefliegen hervorgerufen wird.[305]

In der Regel sind die Insektenstiche mit Hautreizungen und Fieber verbunden, in schweren Fällen jedoch auch mit Lähmungen und Fehlgeburten. Für die Menschen in den am stärksten betroffenen Regionen wie z.B. Mittelafrika bedeutet das einen hohen Mehraufwand und die Reduzierung oder sogar den Wegfall ihrer Einkommen.

Die durch Arthropoden hervorgerufenen Tierkrankheiten treten hauptsächlich in Afrika auf, gefolgt von Asien und Russland. Immer häufiger kommen sie auch nach Nordamerika und Europa, so z.B. die Blauzungenkrankheit, die sich seit 2006 in ganz Westeuropa ausbreitet.

Eine besondere Rolle bei der Ausbreitung von Krankheiten können Zugvögel spielen. In den Jahren 2010 und 2011 wurden in Italien virustragende Zecken an Zugvögeln gefunden. Die infizierten Vögel tragen die Zecken tausende Kilometer weit in ein fremdes Gebiet, in dem sie weitere Tiere infizieren.[306]

Auch neue, unbekannte Viren treten vermehrt auf. So wurde z.B. erst im Jahr 2011 das Schmallenberg-Virus beschrieben, von dem innerhalb von zwei Jahren über 8.000 Viehherden in Europa betroffen waren.[307] Nachstehend werden beispielhaft wichtige Krankheiten kurz beschrieben.

2.2.1 Nagana

Tsetsefliegen (Glossina) übertragen die Schlafkrankheit nicht nur auf Menschen, sondern stechen auch Tiere, deren Erkrankung dann Nagana (African Animal Trypanosomiasi) genannt wird. Die infizierten Tiere zeigen Fieber und Lähmungen bereits nach wenigen Tagen und verenden in der Regel innerhalb von drei Monaten. Die Krankheit kommt im sogenannten Tsetse-Gürtel in Afrika vor. Dieser erstreckt sich mit einer Grösse von zehn Millionen Quadratkilometern vom 14. nördlichen Breitengrad (direkt unterhalb der Sahel-Wüste) bis zum 29. südlichen Breitengrad (Johannesburg).

Nagana gilt als die gefährlichste Tierkrankheit, denn sie schränkt die Viehhaltung in Afrika stark ein. Noch heute erfolgen 80 Prozent der Bodenbewirtschaftung per Hand.[308] Aus Sorge vor Stichen werden viele Flächen in Afrika erst gar nicht erschlossen und entsprechend nicht für die Landwirtschaft genutzt. Der wirtschaftliche Schaden, der durch die Tsetsefliege verursacht wird, ist entsprechend hoch.

2.2.2 Blauzungenkrankheit

Die ersten Fälle der Blauzungenkrankheit wurden bereits 1880 in Südafrika registriert.[309] Die Tiere, vor allem erwachsene Schafe, litten unter Fieber und Entzündungen im Nasen- und Mundbereich, die mit einer Blaufärbung der Zunge verbunden waren. Die Krankheit breitete sich schnell in der ganzen Welt aus und ist heute noch auf allen Kontinenten vorzufinden, jedoch nur in besonders warmen Regionen zwischen den Breitengraden 40° Nord und 35° Süd.

Die Übertragung geschieht über nur ein bis drei Millimeter grosse Mücken der Gattung Culicoides, genannt Gnitzen. Es gibt über 1.400 bekannte Culicoides Arten, aber nur 17 von ihnen übertragen das Blauzungenvirus.[310] Die Sterberate ist sehr unterschiedlich und liegt bei aktuellen Ausbrüchen zwischen zwei und 30 Prozent.[311]

Besonders in Südafrika spielt die Krankheit eine grosse Rolle. Studien zeigen, dass heute über 50 Prozent der Schafe mit dem Virus befallen sind.[312] Weltweit wird der jährliche Schaden, der durch die Krankheit entsteht, auf drei Milliarden US-Dollar geschätzt.[313]

Nachdem bereits in den 1950er Jahren zwei Epizootien in Spanien und Portugal über 175.000 Todesfälle verursachten[314], breitet sich das Virus seit Ende der 1990er Jahre ausgehend von Afrika wiederum nach Norden aus. Nach Sizilien, Griechenland und der Türkei wurden erste Fälle im Jahr 2006 in Holland gemeldet. Die Welternährungsorganisation FAO hat errechnet, dass in Europa seit 1998 mehr als 1,5 Millionen Schafe der Krankheit zum Opfer gefallen sind.[315]

Bedrohlich ist die Geschwindigkeit: Es dauerte lediglich vier Tage, bis nach der ersten Ansteckung eines Schafes in Holland im August 2006 bereits elf Schafherden in Belgien infiziert waren und nur drei weitere Tage, bis die Krankheit in Deutschland sieben Herden erfasst hatte. Aufgrund von Impfungen wurde der Ausbruch schnell zurück gedrängt und seit 2009 gestoppt.[316]

Man geht davon aus, dass sich die für die Übertragung bekannten Arten der Culicoides Mücken aufgrund wärmerer Temperaturen von Afrika nordwärts nach Europa ausgebreitet haben. Aus bisher ungeklärten Gründen taucht der Virus nun aber auch bei in Europa endemischen *Culicoides* Arten auf. In betroffenen Regionen konnte man vor allem die *Culicoides obsoletus* und *Culicoides pulicaris* finden, die seit Jahren in Mitteleuropa ansässig sind, früher jedoch nie das Virus übertrugen.[317]

2.2.3 Schmallenberg-Virus

Das Virus wurde im November 2011 im deutschen Schmallenberg entdeckt und breitete sich dann schnell auf fast alle Länder Nord- und Mitteleuropas aus. Infizierte Rinder, Kühe, Schafe und Ziegen zeigen Fieber und eine eingeschränkte Leistungsfähigkeit, die z.B. bei Kühen zu einer erheblichen Reduzierung der Milchleistung führt. Tragende Tiere gebären Missbildungen oder Todgeburten.

Bis Mitte 2013 wurden in Europa über 8.000 Betriebe gezählt (davon rund 2.500 in Deutschland), die von der Schmallenberg-Krankheit betroffen waren.[318] Überträger sind auch hier die winzigen Mücken der Gattung Culicoides. Das Virus wird von den Mücken ebenso auf andere Tiergruppen wie z.B. Rotwild oder Hunde übertragen. Die

Ausbreitung geschieht sehr schnell. In England konnte festgestellt werden, dass in einem Bestand von Rotwild im Jahr 2010 überhaupt kein Virus gefunden wurde und ein Jahr später über 43 Prozent der Tiere infiziert waren.[319]

Da man das Virus erst Ende 2011 entdeckte, ist bis heute kein Impfstoff entwickelt worden. Zusätzlich lässt sich noch nicht sicher sagen, wie viele der in West- und Nordeuropa endemischen 120 Arten des *Culicoides* Stammes die Viren übertragen.[320]

2.2.4 Louping-Ill

Die seit 1934[321] bekannte Zoonose Louping-Ill zeigt, dass eine Tierkrankheit auch ohne direkten Kontakt auf den Menschen übertragen werden kann. Interessant ist vor allem ein Fall aus dem Jahr 2011, bei dem eine junge Frau am Louping-Ill-Virus schwer erkrankte. Die Übertragung des Virus geschah durch einen Spaziergang mit offenen Schuhen über eine Wiese, auf der infizierte Schafe grasten. Kot und andere Ablagerungen der Schafe befanden sich auf dem Gras und kamen so mit den Füssen in Kontakt.[322]

Das Louping-Ill-Virus wird durch den in Mittel- und Nordeuropa endemischen Gemeinen Holzbock (*Ixodes ricinus*) vornehmlich auf Schafe, aber auch auf andere Tiere wie Hunde oder Vögel übertragen. Die Infektion ist mit Inkoordinationen der Bewegungen verbunden und heisst deswegen Louping-Ill. Die Letalität beträgt zwischen 20 und 50 Prozent.[323]

Die Krankheit ist sehr selten. Neben einem plötzlich aufgetretenen Ausbruch in einer Ziegenherde im Jahr 2011 in Spanien[324], bei der alle 70 Tiere starben, ist die Krankheit praktisch nur in England endemisch – mit jährlich zwischen 25 und 35 gemeldeten Fällen in den letzten Jahren.[325]

2.3 Insekten gefährden Pflanzen

Insekten haben sich schon immer von Pflanzen ernährt und damit das Wachstum der Pflanzen beeinträchtigt oder sogar zum Absterben der Organismen geführt. Jahrtausendealte Quellen erzählen von bedrohlichen Heuschrecken, Raupen und Käfern. Ebenso berichtet die Bibel von Beispielen, wie Insekten den Ackerbau beeinträchtigten und Vorräte vernichteten.[326]

Trotz langer Erfahrung in der Bekämpfung von Schädlingen und trotz jährlichen Ausgaben für moderne Pflanzenschutzmittel in Höhe von weltweit über 40 Milliarden US-Dollar beeinträchtigen die Insekten die Landwirtschaft, den Obst- und Weinanbau und die Wälder in grossem Masse.[327] Allein für die Landwirtschaft beträgt der Schaden, der auf die Einwirkung von Insekten zurückgeht, 20 Prozent der gesamten Produktion. Das entspricht mehr als 50 Milliarden US-Dollar jedes Jahr.[328]

2.3.1 Landwirtschaftliche Schäden in den Entwicklungs- und Schwellenländern

Die grössten, durch Insekten verursachten Pflanzenschäden weltweit treten in den Entwicklungs- und Schwellenländern in den tropischen und subtropischen Regionen auf. Die Gründe sind naheliegend:[329]

- Grosse Wetterschwankungen von Regenfällen zu Trockenperioden schwächen die Widerstandskraft der Pflanzen und fördern das die Entwicklung bzw. Vermehrung der Insekten.

- Die kurzfristige Orientierung an Ertragsmaximierung in der Landwirtschaft ist verbunden mit ungesundem Wachstum und Monokulturen, was wiederum die Widerstandskraft der Pflanzen schwächt.

- Pflanzenschützende Massnahmen werden aufgrund von zu wenig Know-how und Geld in unzureichendem Masse ergriffen.

Auch hier spielt die durch die Globalisierung intensivierte, internationale Migration von Insekten eine grosse Rolle. Die eingewanderten Insekten finden in diesen Regionen besonders attraktive Lebensräume und breiten sich entsprechend schneller als üblich aus. Die Welternährungsorganisation FAO spricht von einer «dramatischen» Zunahme der grenzüberschreitenden Pflanzenschädlinge in den letzten Jahren. Schätzungen gehen davon aus, dass Insekten die möglichen Erträge in den Entwicklungsländern mehr als halbieren: Ein Drittel fällt ihnen während der Blütezeit und ca. zehn bis 35 Prozent während der Lagerung zum Opfer.[330]

Gemäss dem internationalen Emergency Programm der FAO gehören zu den grössten Bedrohungen der Nutzpflanzenwelt folgende durch Insekten hervorgerufene Probleme:[331]

- Gefährdung der Maniokpflanze durch Insekten
- Ausbreitung der Fruchtfliegen
- Heuschreckenplagen

Gefährdung der Maniokpflanze durch Insekten

Die Maniokpflanze (vgl. Abb. 14) liefert das wichtigste Nahrungsmittel Afrikas: Cassava. Über 200 Insektenarten behindern das Wachstum der Pflanze. Die grüne Cassava Milbe (*Mononychellus tanajoa*), die Tabakmottenschildlaus (*Bemisia tabaci*) und die verschiedenen Arten der Maniokschmierlaus (*Phenacoccus maniboti*, vgl. Abb. 15) sind in ganz Afrika aktiv und können bis zu 80 Prozent einer Ernte vernichten.[332] Besondere Sorgen bereiten neu eingeschleppte Insekten wie der Stängelbohrer (*Chilo partellus*) aus Asien und der Ende der 1980er Jahre erstmals entdeckte Grosse Kornbohrer (*Prostephanus truncatus*) aus Mexiko. Die beiden Eindringlinge hatten zunächst keine natürlichen Feinde und vermehrten sich entsprechend schnell. Sie haben in mehreren Ländern bis zu 50 Prozent der Maniokanpflanzungen und bis zu 90 Prozent der Maisernten vernichtet.[333]

Ausbreitung der Fruchtfliegen

Die Fruchtfliegen (Tephritidae) gelten als die Insekten, die weltweit am stärksten den Obstanbau gefährden.[334] Die Weibchen stechen ein

Abb. 14: Cassava, Maniok, Mandioca, Yucca: Das weltweit beliebte Wurzelgemüse hat
viele Namen – und einen Feind: Die Maniokschmierlaus.
(Bild: CC by CIAT, flickr.com)

Abb. 15: Maniokschmierläuse auf der Cassava-Pflanze in Nordost-Thailand.
(Bild: CC by CIAT, flickr.com)

Loch in die Frucht und legen ihre Eier unter die Schale. Die schlüpfenden Larven ernähren sich vom Fruchtfleisch. Rund 35 Prozent der über 4.000 bekannten Arten der Fruchtfliegen-Familie Tephritidae schädigen ca. 200 Fruchtpflanzenarten auf der ganzen Welt. Ihr jährlicher Schaden wird auf über eine Milliarde US-Dollar beziffert.[335] Die Schäden sind besonders hoch in Zentralamerika, Afrika und Asien, wo die Insekten regelmässig zwischen 30 und 80 Prozent des Anbaus zerstören.[336]

Zwei Entwicklungen verschärfen dabei die Situation:

1) Neue Arten von Fruchtfliegen werden eingeschleppt
Neue Arten von Insekten haben in fremden Gebieten zunächst keine natürlichen Feinde und können sich dort sehr gut entwickeln. Ein bezeichnendes Beispiel dafür ist die ursprünglich in Sri Lanka heimische Fruchtfliege *Batrocera invadens*. Sie kam im Jahr 2003 nach Afrika und ernährt sich hauptsächlich von Mango, Guava, Papaya und anderen Früchten. Innerhalb von zehn Jahren hat sich die Fruchtfliege in 28 afrikanischen Ländern ausgebreitet und ist heute z.B. für den Verlust von 80 Prozent der Mango-Ernte verantwortlich.[337]

2) Obst als natürlicher Wirt
Das Verhalten der Fruchtfliegen wirkt sich unmittelbar auf den internationalen Handel aus. Da sie ihre Eier unter die Schale von Obst und Gemüse legen und diese sich dort zunächst unsichtbar entwickeln, werden die befallenen Obstsorten zum Wirtsträger und damit zum Importeur von Fruchtfliegen. Länder wie Chile, Japan, Neuseeland und die USA gelten heute als frei von schädlichen Fruchtfliegen. Sie verbieten die Einfuhr aus Nationen, in denen die Insekten verbreitet sind. Die Restriktionen treffen die Fruchtfliegen-Länder sehr hart. So können z.B. die Länder Zentralamerikas ihre wichtigen Produkte wie Tomaten, Paprika und Papaya nicht nach Nordamerika und die oben erwähnten 28 Länder Afrikas keine Mangofrüchte exportieren.[338]

Massenauftreten von Heuschrecken
«Heutschreckenplagen» sind seit den Pharaonen im alten Ägypten bekannt. Bis heute verwüsten sie ganze Regionen. Von den insgesamt über 20.000 Arten ist in den tropischen und subtropischen Regionen

vor allem die Familie *Acrididae* und hier im Besonderen die Wüstenheuschrecke (*Schistocerca gregaria*) eine anhaltende Bedrohung.

Diese Insekten bevorzugen sehr trockene Gebiete mit weniger als 200 Millimeter Regen pro Jahr. Sie sind in 30 afrikanischen und asiatischen Ländern mit einer Fläche von über 15 Millionen Quadratkilometern heimisch. Vereinzelt auftretende Heuschreckenplagen erstrecken sich sogar auf 60 Länder mit einer Fläche von knapp 30 Millionen Quadratkilometern. Damit gefährden die Tiere 20 Prozent der gesamten weltweiten Landfläche und das Einkommen von zehn Prozent aller Menschen.[339] Doch auch moderne Satelliten schaffen es nicht, anwachsende Heuschreckenschwarme zu identifizieren.

Normalerweise kommen Heuschrecken nur zur Paarbildung zusammen. Die Tiere leben bis zu fünf Monate und legen in dieser Zeit bis zu dreimal eine Menge von jeweils ca. 100 Eiern. Je feuchter das Klima ist, desto mehr Tiere können schlüpfen und sich entwickeln. Kommt es in den trockenen Regionen zu vermehrter Feuchtigkeit, wachsen überproportional viele Insekten nach. Gleichzeitig wechselt ihre Farbe von braun zu pink und ihr Verhalten ändert sich: Die vorher solitär lebenden Insekten gruppieren sich über mehrere Monate zu kleinen Schwärmen und verlassen dann ihre Region, um gemeinsam nach mehr Nahrung zu suchen. Da die besonders heuschreckenfreundlichen Wetterbedingungen in einer ganzen Region so spezifisch ausgeprägt sein können, entstehen gleichzeitig mehrere Schwärme. Sie verbinden sich zu einer grossen Einheit, die mehrere Milliarden Tiere umfasst. Sie lassen sich mit dem Wind tragen und können pro Tag über 100 Kilometer zurücklegen.

Heuschrecken benötigen sehr viel Nahrung: Die zwei Gramm schweren phytophagen Insekten fressen jeden Tag so viel wie sie wiegen, vor allem Pflanzen wie Blumen, Blätter, Baumrinden sowie Getreide, Mais und Obst.

Jedes Jahr kommt es in Afrika und dem Nahen Osten zu bedrohlichen Ansammlungen von Heuschrecken. Die Schwärme bestehen schnell aus über 1.000 Insekten pro Quadratmeter und umfassen eine Grösse von 1.000 Quadratkilometern.

Im Jahr 2004 entwickelte sich ausgehend von Mauretanien ein Schwarm von 230 Kilometern Länge bei einer Breite von 150 Metern, der knapp 70 Milliarden Insekten umfasste. Die Heuschrecken breiteten sich praktisch über ganz Nordafrika, sowie über Teile von Portugal und Kreta aus. Die FAO schätzt den entstandenen ökonomischen Schaden auf 2,5 Milliarden US-Dollar, für die Bekämpfung wurden allein 400 Millionen US-Dollar ausgegeben.

Die Welternährungsorganisation FAO koordiniert mit mehreren Büros permanent ein umfassendes Monitoringsystem sowie die Bekämpfung der Insekten.[340] Über 1.000 Quadratkilometer besprühen Landwirte jährlich mit Insektiziden, um die Ausbreitung von anwachsenden Schwärmen zu verhindern.

Trotz aller Massnahmen kommt es immer wieder zu noch grösseren «Heuschreckenplagen», die aus ca. 60 Millionen Insekten pro Quadratkilometer bestehen und Flächen von mehreren 100 Quadratkilometern bedecken. Sie fressen täglich eine Menge an Nahrung, die 2.500 Menschen rund vier Monate versorgen könnte.

In den letzten 100 Jahren gab es sechs grosse Plagen in Afrika und Asien, die teilweise mehrere Jahre andauerten. Bei der letzten grossen Plage Ende der 1980er Jahre sprach man sogar von einer Dichte von mehreren Milliarden Insekten pro Quadratkilometer. Die Heuschrecken breiteten sich über ganz Nordafrika aus und gelangten schliesslich mit dem Wind auf den offenen Atlantik. Anstatt einzugehen, überwanden sie eine Strecke von 5.000 Kilometern und kamen nach zehn Tagen in der Karibik und Südamerika an.[341] Im Jahr 1954 flogen Heuschrecken schon einmal ohne Nahrungsaufnahme über das offene Meer von Westafrika nach England.[342] Die Beispiele zeigen die potentielle Gefahr, die die Insekten aufgrund ihrer Reichweite haben können.

Vorratsschädlinge

Vorratsschädlinge sind eine grosse Herausforderung in Entwicklungs- und Schwellenländern, in denen Landwirtschaft oft noch per Hand betrieben wird. Die Ernte erfolgt in der Regel sehr spät, damit das Getreide möglichst trocken und damit leicht ist. Die Lagermöglichkeiten sind sehr reduziert. So wird z.B. das Getreide häufig offen in alten Behältern aufbewahrt.

Die späte Ernte verlängert den Zeitraum der Insektenbefallsmöglichkeit. Einige Käfer treten erst am Ende der Blütezeit auf und werden dann bei der Ernte unbemerkt mitgenommen. Die ungeschützte Lagerung ermöglicht den einfachen Zugang von weiteren Insekten.

Die beiden grössten Schädlingsordnungen sind Käfer (Coleoptera) und Schmetterlinge (Lepidoptera) und dort insbesondere Lebensmittelmotten.[343] Käfer befallen das Getreide während der Blüte sowie während der Lagerung. Sie werden bis zu ein Jahr alt und legen bis zu 500 Eier. Rüsselkäfer (Curculionidae) gelten als schädlichste Insekten für gelagertes Getreide weltweit. Wenn sie in nur ein bis zwei Prozent einer Ernte vorkommen, sind sechs Monate später 80 Prozent des gesamten Vorrates betroffen. Die Schäden reichen bei befallenen Anbauten und Vorräten in Afrika von 30 bis zu 100 Prozent.

Lebensmittelmotten sind weltweit verbreitet. Da sie warme Temperaturen mögen, sind sie vermehrt im tropischen und subtropischen Raum vorzufinden. Motten können bis zu 400 Eier in Vorräten ablegen. Die Larven fressen von den Vorräten, verspinnen und verschmutzen diese. Die Schäden sind unterschiedlich hoch und reichen von zehn bis zu 50 Prozent einer Ernte.

2.3.2 Landwirtschaftliche Schäden in Europa

Insekten schädigen auch die Pflanzen in hoch entwickelten Ländern. Vor allem die Landwirtschaft leidet unter neuen Herausforderungen, die immer wieder zu hohen Verlusten führen:

- Aggressive Schädlinge werden aus fremden Kulturen eingeführt und vermehren sich schnell.

- Ansteigende Temperaturen ermöglichen den Insekten generell eine schnellere Entwicklung und einen natürlichen Zuwachs aus benachbarten und südlichen Gebieten.
- Neue Getreidearten verursachen neue Insektenprobleme.

Praktisch alle Getreide- und Frucht-/Obstpflanzen werden heute von Schädlingen befallen. Die erwachsenen Insekten fressen in der Regel an den Pflanzen und können Viren übertragen. Die grössten Schäden entstehen jedoch durch die Larven, für deren Eiablage die adulten Tiere oft Zentimeter lange Gänge in die Pflanzen bohren. Die Larven ernähren sich über Wochen von den Pflanzen, die dadurch erheblich langsamer wachsen können oder sogar eingehen. Die wichtigsten Schädlinge sind:

- Apfelwickler (*Cydia pomonella*): Fruchtpflanzen wie Apfel, Pfirsich, Nüsse u.a.
- Blattläuse (Aphidoidae): Kartoffeln, Zucker-, Zitronenfrüchte
- Mottenschildläuse (Aleyrodidae): Getreide, Tomaten, Bohnen, Baumwolle, Kartoffeln
- Fransenflügler (Thysanoptera): Zwiebeln, Kartoffeln, Melonen
- Zwergzikaden (Cicadellidae): Kartoffeln, Äpfel
- Maiszünsler (*Ostrinia nubilalis*): Mais

Maiszünsler

Der Maiszünsler (*Ostrinia nubilalis*) ist schon seit 1800 in Südeuropa und seit dem letzten Jahrhundert in ganz Europa heimisch. Jedes Weibchen legt 15 bis 20 Gelege mit 500 bis 600 Eiern bevorzugt auf Maispflanzen. Die Larven bohren sich während ihrer Entwicklung immer tiefer in die Stängel und beeinträchtigen damit das Wachstum der Pflanzen. Dazu kommt, dass die geschwächten Pflanzen aufgrund der neu entstandenen Gänge empfänglicher für Bakterien und Pilze sind.

Die 27 EU-Staaten verfügen beim Maisanbau über eine Fläche von rund 95.000 Quadratkilometern und produzieren ca. 65 Millionen Tonnen Maiskörner.[344] Das Ausmass der befallenden Flächen kann zwischen 20 bis 60 Prozent der Flächen betragen, was zu einer Ertragseinbusse von fünf bis 30 Prozent der gesamten Ernte führt.[345]

Kulturfremde Schädlinge

Die Einfuhr von über 30 pflanzenfressenden Insektenarten ist in Europa mittels einer EG-Richtlinie verboten worden.[346] Lebende Pflanzen, Holzprodukte aber auch Verpackungsmaterial werden aufmerksam bei der Einfuhr überprüft. Aufgrund des Handelsvolumens ist eine ausreichende Kontrolle jedoch nicht möglich. Jedes Jahr kommen so neue Insektenarten nach Europa. Die Tiere richten besonders grosse Schäden an, weil sie keine natürlichen Fressfeinde haben, man ihre Präsenz spät feststellt und dann erst Bekämpfungsmassnahmen entwickeln muss. Nachstehend werden aktuelle invasive Arten beschrieben.

Agrilus auroguttatus

Der ursprünglich im amerikanischen Arizona endemische Goldgefleckte Eichelbohrer wurde in Europa erstmals im Jahr 2002 gefunden. Das Tier bevorzugt Olivenbäume und hat in den letzten Jahren über 80.000 Bäume auf einer Fläche von 5.000 Quadratkilometern zerstört.[347]

Aproceros leucopoda

Diese ostasiatische Pflanzenwespe kommt vor allem in China, Japan und Russland vor und befällt in diesen Ländern die Baumgattung der Ulmen. Im Jahr 2009 tauchte das Insekt erstmals in Österreich auf und hat sich mittlerweile über ganz Süd- und Mitteleuropa ausgebreitet. Die kleine Wespe gilt als sehr aggressiv: 74 bis 98 Prozent der befallenen Bäume gehen ein.[348]

Aromia bungii

Die Larven des Asiatischen Moschusbocks bohren bis zu 22 Zentimeter lange Schächte in die Pflanzen, die deshalb kaum überleben können. Das Insekt ernährt sich von Fruchtpflanzen, wie z.B. Pfirsich und Aprikose und wurde in Europa erstmals 2011 in Deutschland und 2012 in Italien gefunden.[349]

Diabrotica virgifera virgifera

Der Westliche Maiswurzelbohrer gilt weltweit als gefährlichster Maisschädling. Er wurde vermutlich Ende der 1980er Jahre über Jugoslawien nach Europa eingeschleppt und im Jahr 2002 erstmals wieder in Österreich und im Jahr 2007 in Deutschland entdeckt. Das

Insekt legt 1.000 Eier, deren Larven sich über 20 Zentimeter tief in die Wurzeln der Pflanzen graben. Befallene Maispflanzen knicken ab, die Ertragsausfälle können bis zu 90 Prozent betragen.[350]

Strauzia longipennis
Die in Nordamerika heimische Sonnenblumenfruchtfliege befällt Sonnenblumen und wurde zum ersten Mal im Jahr 2010 in Deutschland gefunden.[351]

Thaumastocoris peregrinus
Diese Wanzenart greift vor allem die Eukalyptus-Pflanze an und stammt aus Australien. Nachdem das Insekt im Jahr 2003 in Südafrika entdeckt wurde, breitete es sich über Südamerika nach Europa aus, wo es 2011 in Italien gefunden wurde.[352]

«Nach der Ernte»-Schäden

Aufgrund der fortgeschrittenen Arbeitsteilung und des intensiven internationalen Handels sind in den letzten Jahrzehnten die Transportwege ausgeweitet worden. Landwirtschaftliche Produkte durchlaufen oft zahlreiche Stationen vom Feld, über die verarbeitende Industrie bis in die Handelsunternehmen. Bei jeder Einlagerung und jedem Transport ist mit Verlusten zu rechnen. Die sogenannten «Nach der Ernte»-Schäden umfassen alle Beeinträchtigungen und Verluste von Lebens- und Futtermitteln, die direkt nach der Gewinnung in der Landwirtschaft bis hin zum Verzehr anfallen.

Aufgrund der Vielschichtigkeit der Warenströme gibt es keine verlässlichen Zahlen über die Vorratsschäden in den entwickelten Ländern. Weltweit werden die Einbussen durch Schädlinge im Vorratsbereich auf zehn bis 20 Prozent geschätzt. Davon sind ca. 80 Prozent auf Insekten zurückzuführen, der restliche Schaden lässt sich auf Pilze, Nagetiere und Vögel zurückführen.

Im Gegensatz zu den Entwicklungs- und Schwellenländern verfügen die entwickelten Regionen wie Europa beim Vorratsschutz über professionelle Lagertechniken, Hygienemassnahmen und Konservierungsverfahren. Die Welternährungsorganisation FAO schätzt, dass die Schäden im Vorratsbereich in den Entwicklungsländern bei rund

30 Prozent und in den entwickelten Ländern entsprechend niedriger liegen.[353]

Allein in der landwirtschaftlichen Produktion in Deutschland betragen die durch Insekten verursachten «Nach der Ernte Verluste» rund zwei Prozent.[354] Zusätzlich entstehen Schäden, die während der nachfolgenden Transport- und Verarbeitungsstufen durch bereits in den Produkten vorhandene oder hinzukommende Insekten verursacht werden. Schliesslich treten Schäden beim Verbraucher auf: Jedes Jahr werden mindestens zwei Millionen Haushalte von Lebensmittelmotten befallen, die die gekauften Vorräte verunreinigen und ungeniessbar machen.[355] Ingesamt kann deswegen von einem durch Insekten verursachten Schaden von mehr als fünf Prozent der gesamten landwirtschaftlichen Grundproduktion ausgegangen werden.

In Europa werden immer mehr Schädlinge eingeschleppt und die Resistenz der endemischen Arten gegen Bekämpfungsmassnahmen nimmt zu, sodass von einem generellen Anstieg der Vorratsschädlinge auszugehen ist.[356]

Bei der Vorratslagerung sind die wichtigsten Schädlinge:[357]

- Amerikanischer Reismehlkäfer (*Tribolium confusum*)
- Brotkäfer (*Stegobium paniceum*)
- Dörrobstmotte, Synonym Kupferrote Dörrobstmotte (*Plodia interpunctella*)
- Getreideplattkäfer, Synonym Getreideschmalkäfer (*Oryzaephilus surinamensis*)
- Kornkäfer (*Sitophilus granarius*)
- Kornmotte (*Nemapogon granellus*)
- Mehlmilbe (*Acarus siro*)
- Rotbrauner Leistenkopfplattkäfer (*Cryptolestes ferrugineus*)
- Speichermotte, Synonym Heu- oder Tabakmotte (*Ephestia elutella*)
- Staubläuse, Synonym Flechtlinge (Psocoptera)

2.3.3 Waldschäden

Weltweit sind 30 Prozent der Landfläche von Wäldern bedeckt.[358] Ihre Verteilung fällt sehr unterschiedlich aus. Die grossen Waldregionen finden sich in Nordamerika, Russland, Südafrika und Südamerika und damit zu einem grossen Teil im tropischen Bereich, in dem besonders viele Insekten heimisch sind.

Die in ursprünglichen Wäldern endemischen Insekten verursachen nur geringe Schäden.[359] Offensichtlich hat sich über Jahrhunderte ein Gleichgewicht eingestellt, das Insekten und Pflanzen nebeneinander friedlich leben lässt. Die gegenwärtigen Schäden werden bis zu 40 Prozent auf das zunehmende Eindringen von fremden Insekten zurückgeführt, die sich aufgrund des Fehlens natürlicher Feinde sehr schnell ausbreiten können.

So wurde z.B. der Bergkiefernkäfer (*Dendroctonus ponderosae*) erstmals auf dem amerikanischen Kontinent 1994 in British Columbia entdeckt. Das Insekt zerstörte in den ersten zehn Jahren 240 Millionen Kubikmeter Wald auf einer Fläche von über 110.000 Quadratkilometern und verursachte somit einen jährlichen Schaden von 1,7 Millionen US-Dollar. Der Käfer breitete sich dann schnell in ganz Kanada aus und erreicht mittlerweile die USA. Der kanadische Staat gab bis 2004 insgesamt über 80 Millionen US-Dollar aus, um den Käfer unter Kontrolle zu halten.[360]

Der ursprünglich aus Asien stammende und 2002 in Ontario entdeckte Asiatische Eschenprachtkäfer (*Agrilus planipennis*) wird in Nordamerika einen noch grösseren Schaden anrichten. Nachdem er sich im Jahr 2009 in neun weiteren Staaten der USA ausbreitete, errechneten Wissenschaftler, dass der Käfer ohne Bekämpfungsmassnahmen in den folgenden zehn Jahren insgesamt 38 Millionen Eschen zerstören wird. Allein der notwendige Abtransport und die Wiederaufforstung von 17 Millionen Bäumen würden 10,7 Milliarden US-Dollar kosten. Die Ausgaben liegen jedoch noch höher. Um die grossen befallenen Flächen zu kultivieren, müssen insgesamt 30 Millionen Bäume gerodet und neues Kulturland angelegt werden. Eine Studie geht von Kosten in Höhe von über 20 Milliarden US-Dollar aus.[361]

In Ost- und Südafrika sind in den 1980er Jahren drei Insekten gleichzeitig eingeschleppt worden, die Nadelholzbäume schädigen: *Pineus boerneri, Eulachnus rileyi* und *Cinara cupressivora*. Allein der letztgenannte Käfer zerstörte eine Waldfläche im Wert von 44 Millionen US-Dollar, was einen jährlichen wirtschaftlichen Verlust von 14,5 Millionen US-Dollar bedeutet. Zusammen schädigen die drei Käfer die afrikanischen Länder jedes Jahr mit einem Verlust von 17 Millionen US-Dollar.[362]

Auch in Europa sind aggressive, plötzlich auftretende Waldschädlinge wie der Asiatische Laubholzbockkäfer (*Anoplophora glabripennis*) und der Eichenprozessionsspinner bekannt, die hohe Kosten für die Rodung von ganzen Wäldern sowie Monitoring und Bekämpfung verursacht haben.[363]

Anfang der 2000er Jahre wurden jährlich weltweit mindestens 370.000 Quadratkilometer Wald durch Insekten zerstört (Europa: 6,3 Millionen), was einem Anteil an der Gesamtfläche von 1,4 Prozent entspricht. Hierbei lagen kaum Zahlen für die afrikanischen Länder vor, so dass man davon ausgehen kann, dass insgesamt weit mehr Fläche als bisher gemessen den Insekten zum Opfer fällt.[364]

3 Insekten heute und in Zukunft

Wie haben sich die Insekten in den letzten Jahren weltweit entwickelt? Hat ihre Anzahl zu- oder abgenommen? Wie wird es mit ihrer Entwicklung weitergehen? Die Antwort auf diese Fragen ist schwierig, weil die meisten Insektenarten noch nicht entdeckt und entsprechend in ihrem Bestand untersucht worden sind. Die Schätzungen für ihre Anzahl bewegen sich zwischen zwei und zehn Millionen.[365]

Insbesondere in den Tropischen Regenwäldern wird ein Mehrfaches der heute über eine Million bekannten Insektenarten vermutet.[366] Der Artenreichtum in diesen Lebensräumen ist zehnmal höher als in den Waldbiotopen Mitteleuropas.[367] Er kann jedoch aufgrund fehlender Daten in den folgenden Ausführungen nicht berücksichtigt werden.

Nachstehend wird zunächst analytisch versucht, die Auswirkungen der anthropogenen Einflüsse auf die Insektenpopulationen zu skizzieren (3.1). Anschliessend werden diverse Studien beschrieben, die zeigen, wie sich Insektenbestände regional in den letzten Jahren entwickelt haben (3.2). Die amtlichen Roten Listen vervollständigen in Kapitel 3.3 die Informationen über nationale und internationale Bestandsentwicklungen. In Kapitel 3.4 wird eine Zusammenfassung und in Kapitel 3.5 ein Ausblick gegeben.

3.1 Anthropogene Einflüsse auf Lebensräume

Der lokale Bestand an Insekten und dessen Entwicklung hängen von mehreren Faktoren ab, wie z.B.:

- Temperatur/Luftfeuchtigkeit
- Nahrungsangebot
- Brutmöglichkeiten
- Natürliche Feinde

Alle Insekten benötigen ein artspezifisches Umfeld. Zecken wie der Gemeine Holzbock (*Ixodes ricinus*) fühlen sich ab einer Temperatur von acht Grad wohl. Die Stubenfliege (*Musca domestica*) bevorzugt Lebensräume mit mindestens 15 Grad und die Asiatische Tigermücke (*Stegomyia albopicta*) benötigt Temperaturen von über 20 Grad, um sich gut zu entwickeln. Während Fliegen und Mücken in gemässigten Zonen überleben, brauchen Zecken eine Luftfeuchtigkeit von mindestens 85 Prozent.[368]

Zecken und Stechmücken ernähren sich vom Blut von Säugetieren und Vögeln. Zusätzlich saugen Stechmücken auch Nektar und andere Blütensäfte. Adulte Fliegen dagegen suchen kohlen- und eiweisshaltige Nahrung wie z.B. Obstsäfte und Milch. Die Larven der Fliegen können sich von zersetzten pflanzlichen Stoffen wie z.B. Exkrementen ernähren.

Für ihre Brut benötigen Insekten unterschiedliche Rahmenbedingungen. Während Stechmücken feuchte Orte bevorzugen, bauen Ameisen eigene Nester für ihren Nachwuchs und suchen dafür meist Pflanzenteile und geschützte Stellen. Andere Insekten wie die Stubenfliege (*Musca domestica*) brauchen organisches Material wie Müll, Dung oder Nahrungsmittel für die Eiablage und Larvenentwicklung.

Adulte Fluginsekten wie z.B. Fliegen und Mücken sind die Hauptnahrungsquelle von vielen Vögeln. Larven wie z.B. Mückenlarven dagegen sind die Hauptnahrungsquelle vieler Fische. Zecken werden von Pilzarten befallen sowie von Fadenwürmern, parasitischen Insekten wie der Erzwespe *Ixodiphagus hookeri* und vereinzelt auch von Vögeln gefressen. Die Asiatische Tigermücke (*Stegomyia albopicta*) hat ganz andere natürliche Feinde. Ihre Eier sind bei Ameisen wie der Art *Solenopsis invicta* und bei Marienkäfern beliebt, die erwachsenen Tiere werden von Webspinnen gejagt.

Alle beschriebenen Zusammenhänge können sich durch externe Einflüsse verändern. Im Folgenden wird deshalb auf die Auswirkungen menschlicher Handlungen auf die Welt der Insekten eingegangen.

Über Jahrhunderte gewachsene Ökosysteme werden durch die menschliche Nutzung verändert oder sogar gänzlich zerstört. Dadurch überleben die darin etablierten Arten mit dann reduzierter Population – oder sie sterben ganz aus. Gebietsfremde Tiere und Pflanzen dringen in die Lebensräume ein, können sich zur dominanten Kraft entwickeln und damit den Gesamtbestand an Organismen sogar erhöhen. Nachstehend wird diskutiert, ob und in welcher Weise anthropogene Eingriffe in die Natur die Lebensbedingungen von Insekten prägen. Die einzelnen Einflüsse sind dabei in einem Geflecht von Wechselwirkungen zu sehen. So verstärkt beispielsweise die Forstwirtschaft durch Rodung den Klimawandel und die Stickstoffemissionen aus dem Strassenverkehr verschlechtern die Bodenfruchtbarkeit für die Landwirtschaft.

3.1.1 Klimawandel

Der anthropogene globale Klimawandel wirkt sich unmittelbar auf die natürlichen Lebensräume aus.[369] So hat z.B. die Temperaturerwärmung in den letzten 100 Jahren auf der ganzen Welt die Vegetationszeit für Pflanzen früher beginnen lassen. Studien zeigen, dass der Frühling heute – im Vergleich zu dem vor 60 Jahren – sieben Tage eher anfängt.[370] Eine nordamerikanische Langzeitstudie über 100 Jahre kam zu dem Schluss, dass der Frühling aufgrund der erfolgten Temperaturerhöhung von bis zu 2,3 Grad sogar um zehn bis 13 Tage früher einsetzte.[371]

Dies verändert auch die Lebensgewohnheiten der Tiere. In England konnten Wissenschaftler feststellen, dass Vögel deutlich eher brüten. Sie untersuchten über 24 Jahre lang insgesamt 74.000 Nester: Die Vögel brüteten 8,8 Tage früher als zu Beginn der Studie.[372] Insekten wie beispielsweise Schmetterlinge können noch intensiver auf die Klimaerwärmung reagieren. In Kalifornien sind z.B. 75 Prozent von 23 untersuchten Arten 24 Tage früher zu sehen als vor 30 Jahren.[373]

Die globale Klimaerwärmung ist dabei ein neuzeitliches Phänomen. Sie vollzieht sich so schnell, dass Lebensräume und deren Flora und Fauna nicht die Zeit haben sich entsprechend daran anzupassen. Während mehrere hundert Jahre nur unwesentliche Temperaturschwankungen zu beobachten waren, steigt die Erderwärmung seit 1900 kontinuierlich an.[374] Die erhöhte Temperatur sowie die Häufung extremer Wetterereignisse strapazieren in hohem Masse die über lange Zeit gewachsenen Ökosysteme. Anfällige, seltene Biotope, wie beispielsweise Korallenriffe, boreale und tropische Regenwälder,

Gletscher, Mangrovenwälder, Graslandschaften, arktische und alpine Ökosysteme sowie Prärie- und Feuchtgebiete werden dauerhaft geschädigt.[375] Damit verbunden ist auch ein Rückgang der Insektenarten in den entsprechenden Lebensräumen.

Die Populationszusammensetzung und -dichte in diesen Biotopen ist generell von der Anpassungsfähigkeit der einzelnen Insektenarten abhängig:

- Das Verbreitungsgebiet von nicht besonders temperaturempfindlichen Insekten vergrössert sich.

- Der Lebensraum von temperaturempfindlichen Insekten verkleinert sich.

Insektenarten, die nicht besonders temperaturempfindlich sind, tolerieren eine grössere Bandbreite von Temperaturen als andere. Erwärmt sich generell das Klima, ertragen sie die Erwärmung im bestehenden Biotop und können sich gleichzeitig nordwärts ausbreiten. So finden sich z.B. in den USA immer mehr tropische Insektenarten wie Tropische Grosslibellen, die von Kuba und den Bahamas nach Florida einwandern.[376] In Europa dagegen können sich Insekten wie die Asiatische Tigermücke (*Aedes albopictus*) etablieren.

Temperaturempfindliche Insekten wie z.B. Schmetterlinge wechseln aufgrund des Klimawandels ihren bisherigen Lebensraum. Sie verlassen ihre angestammten Biotope und ziehen nordwärts und in die Höhe. Eine Studie in England konnte zeigen, dass zwischen 25 und 37 Prozent der Rückgänge der lokalen Schmetterlingsbestände wie dem Grossen Sonnenröschen-Bläuling (*Aricia artaxerxes*), dem Graubindigen Mohrenfalter (*Erebia aethiops*) und dem Knochs Mohrenfalter (*Erebia epiphron*) auf die allgemeine Klimaerwärmung zurückzuführen waren. Die Tagfalter zogen jeweils in Gebiete, die ihrer Temperatur entsprachen. Diese Zone bewegte sich über 19 Jahre lang 88 Kilometer nordwärts und 98 Meter höher.[377]

In den USA wurde nachgewiesen, dass der Scheckenfalter *Euphydryas editha* seinen Lebensraum innerhalb von ca. 100 Jahren um 105 Meter in die Höhe verschoben hat und unter einer Höhe von 2.400

Metern 40 Prozent der Population ausgestorben ist.[378] In Südfrankreich ist der Apollofalter (*Parnassius apollo*) unter einer Höhe von 850 Metern gänzlich verschwunden. Über 900 Metern fühlt er sich hingegen weiterhin sehr wohl.[379]

Ein Wechsel des Lebensraums ist jedoch nur dann erfolgreich, wenn die Insektenart grundlegend anpassungsfähig ist. Fehlt z.B. die gewohnte Nahrungsquelle im neuen Biotop, müssen die Insekten sich anders ernähren – sonst sterben sie aus. Seinen Namen hat der Kleine Sonnenröschen-Bläuling (*Aricia agestis*) seiner exklusiven Spezialisierung auf das Gelbe Sonnenröschen (*Helianthemum nummularium*) zu verdanken. Das temperaturempfindliche Insekt bewegte sich aufgrund der Klimaerwärmung nordwärts. Seine wärmeaffine Nahrungsquelle hingegen verblieb in der Heimat des Schmetterlings. Der Bläuling schaffte es, sich umzustellen und kann sich heute von Geranien ernähren.[380]

Neben der Temperaturerwärmung wirken sich auch extreme Wetterereignisse auf die Insektenpopulationen aus. Eine experimentelle Studie aus Österreich simulierte die Auswirkungen des Klimawandels und konnte zeigen, dass eine Erhöhung der Wassermenge um 15 Prozent je Regenfall und die Verlängerung von Trockenphasen um 25 Prozent die Insektenbestände zwischen 39 (Zikaden Auchenorrhyncha) und 73 Prozent (Zweiflügler Diptera und Netzflügler Neuroptera) reduzierte.[381]

Grundsätzlich gilt für die Anpassungsfähigkeit von Insekten: Anspruchslose Generalisten können sich besser auf neue Umweltbedingungen einstellen und sich dementsprechend vermehren. Anspruchsvolle Spezialisten dagegen gehen in ihrem Bestand zurück. Damit verbunden ist ein starker Verlust an Biodiversität.

«Vor allem seit Mitte des letzten Jahrhunderts nimmt sie (die biologische Vielfalt, Anm. des Verfassers) jedoch dramatisch ab, so dass inzwischen viele wild lebende Arten und natürliche Ökosysteme in ihrer Existenz oder dauerhaften Funktionstüchtigkeit akut bedroht sind. In Deutschland sind aktuell rund 40 Prozent der wildlebenden Tierarten, ca. 30 Prozent der Farn- und Blütenpflanzen und etwa 70 Prozent der Lebensräume gefährdet.»[382]

Neben der generellen Anpassungsfähigkeit der Insekten ist die zeitliche Synchronisierung der Nahrungsnetze notwendig. Die Lebenszyklen der einzelnen, voneinander abhängigen Pflanzen und Tiere müssen trotz Klimaerwärmung und allfälligen geographischen Verschiebungen zusammenpassen: Herbivore Insekten und deren Pflanzen, Prädatoren und ihre Beutetiere, Parasiten und deren Wirte sowie Bestäuber und ihre Pflanzen.[383] In Deutschland blühen beispielsweise Apfelbäume, die repräsentativ den Beginn des Frühlings zeigen, heute schon 20 Tage früher als noch vor 50 Jahren. Das entspricht vier Tagen pro Jahrzehnt. Eine ähnliche Entwicklung ist bei den Waldbäumen in vielen Ländern Europas zu beobachten.[384]

Solche grossen Verschiebungen führen zu komplexen Anpassungserscheinungen der Natur: Bestimmte Vogelarten können sich aufgrund des kürzeren Winters positiv entwickeln. Andere, wie z.B. Zugvögel, kommen zu spät, weil ihre Nisthöhlen dann bereits von anderen Vogelarten besetzt sind. Pflanzen blühen früher und fordern von den Insekten eine parallele Entwicklung. Um das System stabil zu halten, müssen sich auch die Fressfeinde der Insekten analog darauf einstellen. Ein funktionierendes Ökosystem besteht aus zahlreichen Elementen, die viele Jahre brauchten, um sich zu harmonisieren. Diese notwendige Abstimmung kann nicht immer so kurzfristig erfolgen, weshalb einige Tiere und Pflanzen aussterben.

Die globale Temperatur ist in den letzten 100 Jahren angestiegen, in Europa z.B. um 0,8 Grad.[385] Bis zum Jahr 2100 wird weltweit eine weitere Klimaerwärmung von 1,8 bis 4,0 Grad erwartet.[386]

Zusätzlich wurden in den letzten Jahrzehnten vermehrt extreme Wetterereignisse wie Trockenperioden und Überschwemmungen registriert. Durch heftige Regenfälle entstehen viele kleine stehende Gewässer, in denen Insekten wie Stechmücken und bestimmte Fliegenarten ideale Brutplätze finden. Je höher die Temperatur steigt, desto schneller verpuppen sich die Larven zu adulten Tieren. Für die Ägyptische Tigermücke (*Aedes aegypti*, vgl. Abb. 16) konnte z.B. festgestellt werden, dass die Verpuppungsdauer sich mit zunehmender Temperatur verkürzt:[387]

- bei 16 Grad Celsius: 32 Tage
- bei 20 Grad Celsius: 16 Tage
- bei 25 Grad Celsius: 9 Tage
- bei 30 Grad Celsius: 6,5 Tage

Die Höhe der Temperatur korreliert direkt mit der Anzahl der Insekten. Sie sorgt nicht nur für eine schnellere Verpuppung, sondern auch für eine häufigere Paarung und damit eine verstärkte Eiablage. Entsprechend bringt der Temperaturanstieg eine höhere Generationenanzahl hervor.

Je wärmesensibler die Insekten sind, desto stärker wirkt sich eine Temperaturänderung auf ihre Populationsentwicklung aus. Besonders sensibel sind z.B. Blattläuse, die sich pro Jahr normalerweise ein- bis zweimal (bivoltin) vermehren. Steigt die durchschnittliche Jahrestemperatur nur um ein Grad, bringen die Blattläuse eine zusätzliche Generation hervor und vermehren sich entsprechend dreimal.[388]

Die in Europa endemischen Maiszünsler (*Ostrinia nubilalis*) sind ein Beispiel für Insekten, die sich aufgrund der Klimaerwärmung nicht nur stärker fortpflanzen, sondern sich gleichzeitig auch nach Norden ausbreiten. In den letzten Jahrzehnten vermehrte sich der Schmetterling in Süditalien, Griechenland und Spanien dreimal pro Jahr (trivoltin), in Norditalien, Nordspanien und Südfrankreich zweimal und in Nordeuropa und damit auch in Deutschland nur einmal (univoltin).[389] Im Jahr 2002 konnte erstmals eine bivoltine Population am Genfersee beobachtet werden. Vier Jahre später fanden sich auf einer Fläche von 0,5 Quadratkilometern zweimal vermehrende Maiszünsler im süddeutschen Breisgau. Im Folgejahr besiedelten sie bereits 25 und im Jahr 2013 rund 2.000 Quadratkilometer.[390]

Die Erderwärmung führt zu milderen Wintern, die in den letzten Jahrzehnten festgestellt wurden. Je wärmer ein Winter ist, desto mehr Arthropoden können überleben bzw. länger leben. Voraussetzung dafür ist, dass auch das Nahrungsangebot in der kälteren Jahreszeit weiter bestehen bleibt. Zecken profitieren z.B. davon, dass ihre Wirtstiere wie Mäuse oder auch Hochwild bei gemässigteren Temperaturen bessere Überlebenschancen haben.

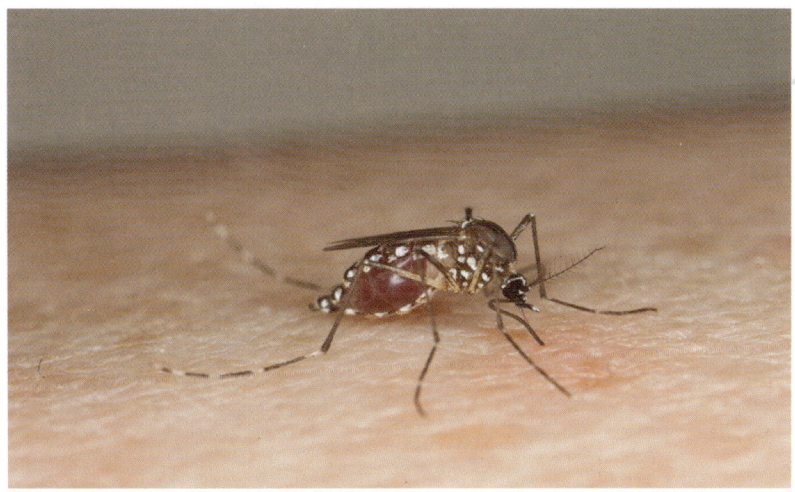

Abb. 16: Die Klimaerwärmung fördert die Vermehrung der Denguemücke (*Aedes aegypti*).
(Bild: CC by U.S. Department of Agriculture, flickr.com)

Abb. 17: Zugvögel wie der Hausrotschwanz kehren durch die Klimaerwärmung eher aus ihren Winterquartieren zurück und beeinflussen so die Insektenpopulation.
(Bild: CC by Frank Vassen, flickr.com)

105

Lange trockene Phasen im Sommer schaden der Entwicklung feuchtigkeitsliebender Insekten wie gewisser Fliegen und Stechmücken. In Siedlungsgebieten wurden und werden jedoch anthropogene Feuchtigkeitsbiotope und damit gute Brutstätten geschaffen: Künstlich angelegte Flussverläufe, Wasserspeicher aller Art und Bewässerungssysteme von landwirtschaftlichen Flächen sowie Park- und Gartenanlagen.

Die folgenden Beobachtungen fassen einige beispielhafte Entwicklungen zusammen, die der Klimawandel in Deutschland verursacht:[391]

Alpen-Gletscher
- 1850 bis 1979: ein Drittel der Fläche bzw. die Hälfte der Eismasse schmilzt ab, seit 1980 Verlust von weiteren 25 Prozent
- Zugspitze: Eisbedeckung heute nur noch ein Fünftel (Basis 1930), Verkürzung des Zeitraums mit Eisbedeckung von etwa zwei bis drei Monaten auf meist einen Monat (Basis 1970er Jahre)

Tierverhalten
- Zugvögel sind bis zu 20 Tage länger hier als vor 30 Jahren, jede dritte Vogelart brütet etwa neun Tage früher

Landwirtschaft
- Trockenstress wegen geringeren Niederschlags und wasserferner Anbauflächen

Wasserwirtschaft
- Absinkende Grundwasserspiegel in Brandenburg seit 30 Jahren durch abnehmende Sommerniederschläge und höhere Verdunstung

Extrem-Ereignisse
- Verdopplung der Stürme und Überschwemmungen seit 1970
- Massenvermehrungen von Pflanzen und Tieren in bestimmten Lebensräumen (z.B. Ruderfusskrebs vor Helgoland)
- Verschiebung des Verbreitungsgebietes von Schmetterlingen um 35 bis 240 Kilometer nordwärts innerhalb von 30 bis 100 Jahren

Verschiebung phänologischer Phasen bei Pflanzen
- Häufigkeit wärmeliebender Pflanzenarten steigt

- Verfrühung der Blüte von Apfel, Schneeglöckchen
- spätere Herbstfärbung der Blätter um etwa 5 Tage

Die Auswirkungen der hier beschriebenen Beobachtungen auf die Insektenpopulationen können unterschiedlich sein. In der Summe kann jedoch davon ausgegangen werden, dass die klimainduzierten Veränderungen der Lebensräume der Insekten sich positiv auf die Abundanz auswirken:

- Verkürzte Perioden der Eisbedeckung von Seen lassen die aquatischen Biotope länger und intensiver wachsen. Damit steigt der Insektenbestand in diesen Gebieten.

- Stürme und Überschwemmungen fördern tendenziell die Populationen von Stechmücken und gewissen Fliegen.

- Massenvermehrungen von Pflanzen wirken sich positiv auf das Nahrungsangebot und damit auf die Populationsentwicklung der Insekten aus.

- Die Vergrösserung ihres Verbreitungsgebietes bietet den Insekten eine breitere Futterauswahl und aufgrund von zunächst fehlenden Konkurrenten und Räubern auch bessere Entwicklungsmöglichkeiten.

- Die früher einsetzende Blütezeit von Pflanzen bereichert das Nahrungsangebot für Insekten.

Einige klimainduzierte Veränderungen wirken sich dagegen negativ auf die Insektenpopulation aus:

- Die Verlängerung der Rastzeiten von Brutvögeln sowie das frühere Brüten der heimischen Vögel wirken sich negativ auf den lokalen Insektenbestand aus (vgl. Abb. 17).

- Trockene Anbauflächen und absinkende Grundwasserspiegel verändern das lokale Biotop und verschlechtern damit die Entwicklungsmöglichkeiten von Insekten.

30° Nord

0°

30° Süd

Lebensraum von wärmeliebenden Insekten vor der Klimaerwärmung

Neuer Lebensraum von wärmeliebenden Insekten mit Klimaerwärmung

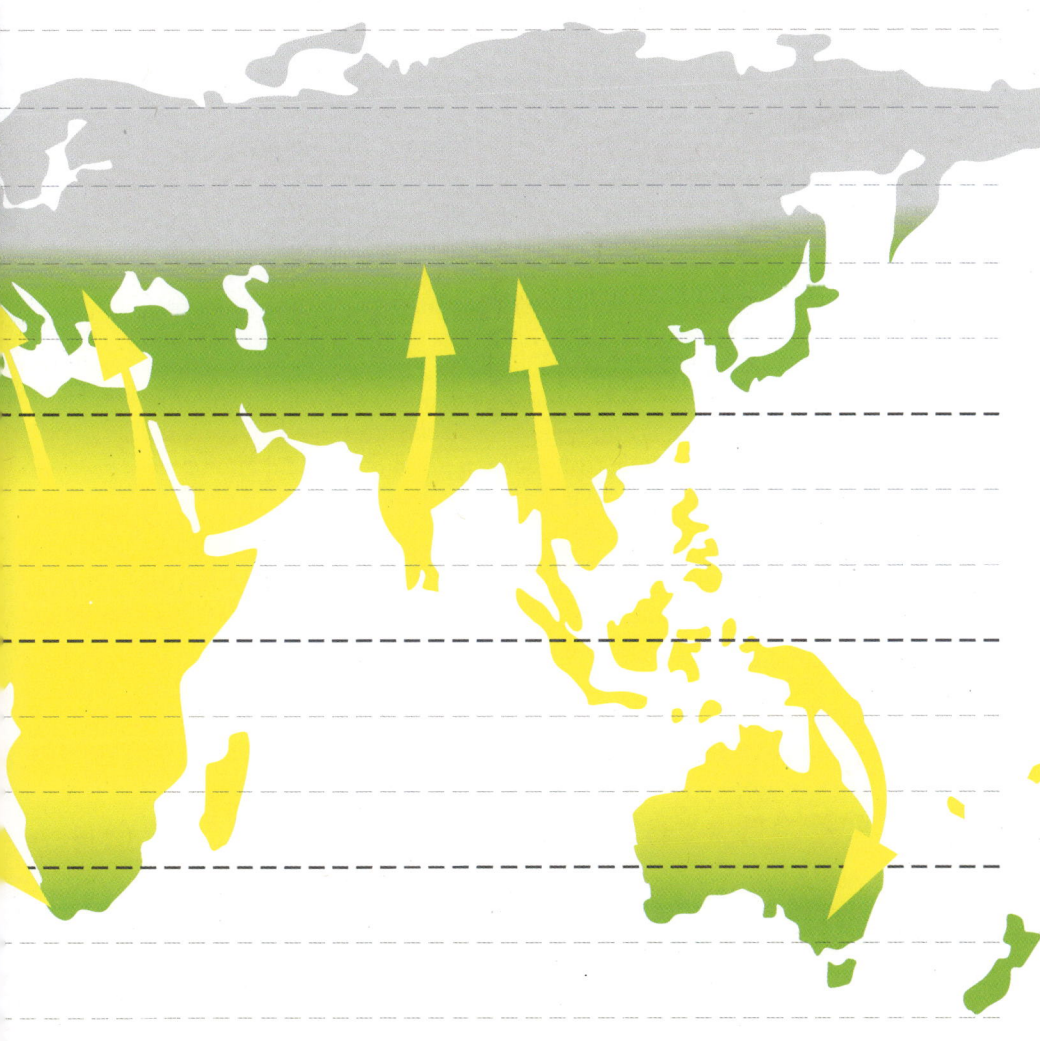

Abb. 18: Vergrösserung der Populationsgebiete von wärmeliebenden Insekten[394]

Die aufgezeigten klimatischen Veränderungen lassen sich weltweit beobachten. Damit kann festgestellt werden, dass die allgemeine Klimaveränderung die Entwicklung der Insekten generell fördert.

Auch Massenvermehrungen von Tieren, von denen sich Insekten ernähren, können den Insektenbestand vergrössern. Wenn es jedoch zu Massenvermehrungen von Tieren kommt, die Insekten jagen, schmälert dies die Insektenzahl.

Für Deutschland wird aufgrund der allgemeinen Klimaveränderung ein Anstieg der Stechmücken- und Zeckenzahlen prognostiziert.[392] Auch bei den Wespen finden sich Beispiele für wärmeliebende, ursprünglich im Mittelmeerraum endemische Insekten, die sich nun immer mehr in Deutschland etablieren. Hier breiten sich seit einigen Jahren die Grabwespen *Sphex funerarius* und *Philnathus coronatus* sowie die Dolchwespe *Scolia sexmaculata* aus. Jüngste Einwanderer sind seit dem Jahr 2005 die Grabwespen *Pison atrum* und *Miscophus eatoni* sowie die aus Südostasien stammende Grabwespe *Sceliphron curvatum*.[393]

Bereits in Kapitel 2.1.4 wurde ausgeführt, dass sich aufgrund des Klimawandels auch die Milbentiere wie z.B. Zecken von Süd- und Mitteleuropa weiter nach Nordeuropa ausbreiten. Insgesamt entstehen grosse Ausweitungen der Populationsgebiete von Süd nach Nord (vgl. Abb. 18).

Immer mehr Insekten aus tropischen Ländern können sich durch den Klimawandel auch in gemässigten, vorher für sie zu kalten Regionen etablieren. Durch ihr Eindringen verändern sich mittelfristig die Ökosysteme. Je nach Insekt und Umfeld steigt oder sinkt die Anzahl der Individuen.

Nachstehend finden sich einige Beispiele aus Regionen, in denen die Anzahl der Schadinsekten zugenommen hat:

- «Der Chikungunya-Ausbruch im Jahr 2007 in Norditalien, der erstmalige Nachweis eines Chikungunya-Überträgers, *Aedes albopictus* («Tigermücke»), 2007 in Deutschland und die andauernde West-Nil-Epidemie in Nord- und Südamerika deuten an, dass Klimawandel und davon beeinflusste ökologische Faktoren sowie zunehmender globaler Personen-, Tier- und Güterverkehr auch in Deutschland autochthone Ausbrüche von Infektionskrankheiten ermöglichen könnten, deren Verbreitung früher auf tropische und subtropische Regionen beschränkt war.»[395]

- «Seit Mitte der 1990er Jahre jedoch nimmt der Befall mit Bettwanzen nicht nur in Massenunterkünften, sondern auch in privaten Wohnungen und Häusern, Transportmitteln bis zu Luxushotels stetig zu. Hauptgründe dafür sind vermehrte Reisetätigkeit und Mobilität der Menschen, der nationale und internationale Handel mit Gebrauchtwaren (auch über das Internet), die Entstehung von Resistenzen gegen über Jahrzehnte eingesetzte Wirkstoffe sowie Verbote von einigen Wirkstoffen.»[396]

- Getreideschädlinge haben sich seit 1960 zwischen 0,8 und 2,7 Kilometer nach Norden ausgebreitet.[397]

- Schädlinge im Obstbau, wie z.B. der Apfelwickler (*Cydia pomonella*) haben in den letzten Jahren zugenommen und werden sich weiter ausbreiten. Ein Temperaturanstieg von ein bis drei Grad im Jahresmittel reicht aus, damit sich die Schädlinge statt ein bis zweimal neu dann drei bis viermal vermehren.[398]

- Der Eichenprozessionsspinner (*Thaumetopoea processionea*), der sich bereits seit 1760 in Europa ansiedelte, hat in den letzten 20 Jahren in ganz Europa stark zugenommen. Gründe dafür sind z.B. Verschleppung von Pflanzenmaterial (England), bessere Lebensbedingungen aufgrund von durch Rodungen durchsonnten Wäldern, frühere Blattaustriebe und wärmere Frühjahre.[399]

Zusammenfassend soll erwähnt werden, dass der Klimawandel direkte Auswirkungen auf bestehende Ökosysteme hat und die «natürlich gewachsene» Ordnung stört. Die wechselseitigen Wirkungen innerhalb eines Biotopes sind äusserst komplex und ortsspezifisch. Es kann daher keine allgemein gültige Aussage erfolgen, ob der Klimawandel den Insektenbestand fördert oder reduziert.[400] Sicher ist, dass die Erderwärmung die Ausbreitungsgebiete wärmeliebender Insekten vergrössert. Die Weltgesundheitsorganisation geht für die in den südlichen Regionen liegenden Entwicklungs- und Schwellenländer davon aus, dass folgende Insektenfamilien zunehmen[401]:

- Heuschrecken
- Fruchtfliegen
- Getreideschädlinge
- Waldschädlinge
- Mücken
- Fliegen
- Zecken

3.1.2 Urbanisierung und Verkehr

Der weltweite Bevölkerungsanstieg in den letzten 200 Jahren von knapp einer Milliarde Menschen im Jahr 1800 auf über sieben Milliarden heute (vgl. Abb. 19) hat die Siedlungsflächen und deren Verbindungswege stark wachsen lassen.

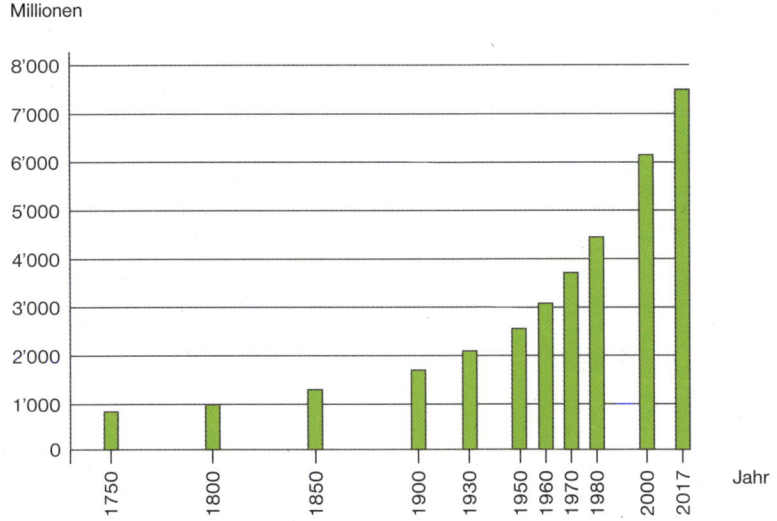

Abb. 19: Wachstum der Weltbevölkerung von 1750 bis 2017 (in Millionen Menschen)[402]

Für die Zukunft wird ein anhaltendes Bevölkerungswachstum erwartet, das vor allem in den asiatischen und afrikanischen Regionen und damit vermehrt in den Entwicklungs- und Schwellenländern stattfindet (vgl. Abb. 20).

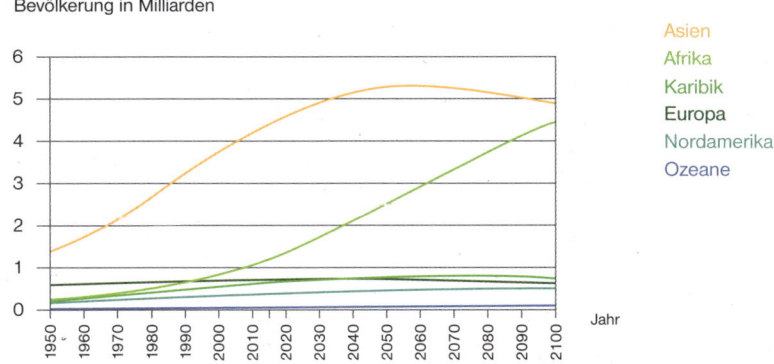

Abb. 20: Entwicklung der Weltbevölkerung (in Mrd.) bis 2100 nach Region[403]

Diese Entwicklung wird mit einer anhaltenden Urbanisierung verbunden sein. Lebten 1950 noch 29% in städtischen Gebieten[404], so waren es 2015 bereits 54%. Für 2050 wird erwartet, dass weltweit rund zwei Drittel in urbanen Regionen leben (vgl. Abb. 21).[405] In den USA leben bereits 82%[406] und in der Europäischen Union 75% der Bevölkerung in städtischen Gebieten.[407]

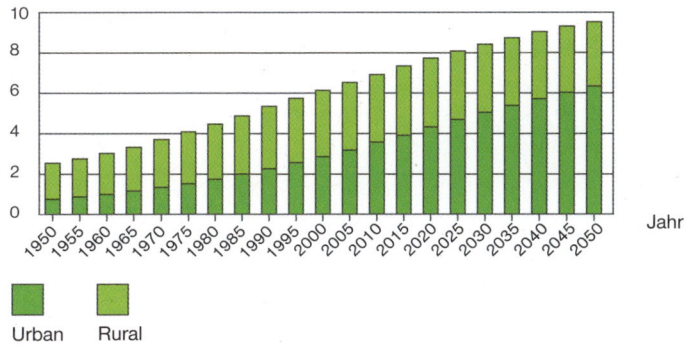

Abb. 21: Urbanisierung: Entwicklung und prognostiziertes Wachstum der städtischen und ländlichen Bevölkerung bis zum Jahr 2050 (in Mrd. Menschen)[408]

In den Entwicklungs- und Schwellenländern sind in den stark wachsenden urbanen Gebieten die Wohnverhältnisse oft unzureichend: Fehlende oder undichte Kanalisationssysteme sowie bewusst oder unbewusst geschaffene Kleinwasserspeicher wie z.B. Schalen und Eimer sind ideale Brutstätten für Insekten wie z.B. parasitäre Mücken. Ihre unmittelbare Nähe zu den Menschen und damit zu den Wirten sowie das enge Zusammenleben der Bewohner auf kleinstem Raum fördern die Entwicklung von Parasiten (siehe auch Kap. 2.1.2). Die oben skizzierten Auswirkungen von Erderwärmung und häufigeren extremen Klimaereignissen wie Überschwemmungen werden die Zunahme der Insekten zusätzlich begünstigen.

Die anhaltende Urbanisierung führt zu steigenden Umgebungstemperaturen in den Städten und damit zu einer früher einsetzenden und längeren Vegetationsperiode. Die Wärme und das erhöhte Nahrungsangebot wirken sich ebenso positiv auf die Insektenbestände aus.[409]

Auf der anderen Seite reduziert oder zerstört die zunehmende Versiegelung ganzer Gebiete die natürlichen Lebensräume der Insekten und drängt sie deswegen zurück. Weltweit wird pro Tag eine Fläche in der Grösse von 34.560 Fussballfeldern versiegelt, das bedeutet 24 Fussballfelder pro Minute.[410]

In den letzten Jahrzehnten hat sich in der gesamten westlichen Welt die Versiegelung aufgrund von Wirtschaftswachstum und gestiegenen Bedürfnissen schneller entwickelt als das Bevölkerungswachstum. In der Europäischen Union ist seit den 1950er Jahren bis heute die Bevölkerung um rund 30% gewachsen, die städtischen Flächen dagegen um 78%.[411] In Österreich ist z.B. die Bevölkerung von 1985 bis 2016 um 15% gestiegen, die Fläche für Siedlungen und Verkehr dagegen um 65%[412] (vgl. Abb. 24). In den 1990er Jahren wurden pro Jahr in der Europäischen Union ca. 1.000 Quadratkilometer Fläche verbraucht, in den 2000er Jahren ging die jährliche Versiegelung auf 920 Quadratkilometer zurück.[413] Mittlerweile beträgt die versiegelte Fläche für jeden Bürger in der Europäischen Union rund 200 Quadratmeter.[414]

Abb. 22: Internationaler Waren- und Personenverkehr fördert die Einschleppung gebietsfremder Insekten.
(Bild: CC by tobias HH, flickr.com)

Abb. 23: In Monokulturen vermehren sich Schädlinge wie Maiszünsler *(Ostrinia nubilalis)* oder Maiswurzelbohrer *(Diabrotica virgifera virgifera)* besonders gut.
(Bild: CC by fishhawk, flickr.com)

Index: 1985 = 100%

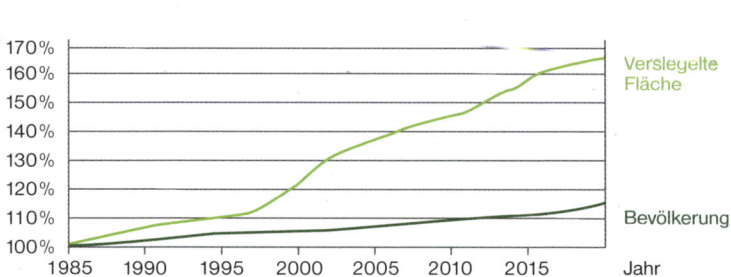

Abb. 24: Bevölkerungswachstum und Flächenversiegelung in Österreich (1985=100%):
Die Versiegelung des Bodens wächst schneller als die Bevölkerung[415]

In Deutschland wurden von 2000 bis 2010 jeden Tag durchschnittlich rund 950.000 Quadratmeter als Siedlungs- und Verkehrsfläche neu errichtet. Das entspricht einer jährlichen Fläche von knapp 350 Quadratkilometern. Davon wurde nicht die gesamte Menge versiegelt, aber doch umgenutzt und aktiv der natürlichen Umwelt entzogen. In den 1990er Jahren war der Bedarf mit 1,25 Quadratkilometern pro Tag noch höher, so dass von 1995 bis 2010 eine Fläche von über 6.000 Quadratkilometern versiegelt wurde.[416] Das entspricht mehr als zweimal der Grösse des Saarlandes oder sechsmal der Grösse von Berlin.

Die weltweiten Produktions- und Absatzmengen haben sich in den letzten Jahrzehnten stark erhöht. So hat sich z.B. der internationale Warenhandel von 1990 bis 2008 vervierfacht.[417] Die wachsenden Warenmengen werden in der Regel per Lastwagen, Schiff oder Flugzeug transportiert (vgl. Abb. 22). Mit den Gütern werden auch Insekten bewegt, die sich in der ursprünglichen Landwirtschaft oder Produktion und Lagerung eingeschlichen haben. Der wachsende Güterverkehr fördert so die Einschleppung gebietsfremder Insekten. In der Regel existieren für nicht heimische Insekten nach deren Ankunft keine Fressfeinde. Sie können sich ungehindert vermehren und damit die Anzahl der Insekten erhöhen. Mittel- und langfristig wird die Vermehrung jedoch durch dann angepasste Feinde reguliert, was die Anzahl der Insekten entsprechend reduziert.

3.1.3 Landwirtschaft

Seit seiner Existenz hat der Mensch sich den natürlichen Boden zu eigen gemacht. Neben der soeben diskutierten Flächenversiegelung wurde die Erdoberfläche vor allem für die Landwirtschaft genutzt. Insgesamt sind bis heute mindestens 70 Millionen Quadratkilometer anthropogen umgenutzt worden, was einer Fläche von mehr als 50% der gesamten Erde (ohne Polare) entspricht. Um die erste Jahrtausendwende waren weniger als zwei Prozent erschlossen, im Jahr 1700 waren es bis zu vier Prozent und heute sind es ca. 35 Prozent Ackerflächen und Wiesen[418] (vgl. Abb. 26). Die starke anthropogene Bodennutzung korrelierte mit dem Bevölkerungswachstum. In Zukunft wird das Wachstum vor allem in den Entwicklungs- und Schwellenländern stattfinden, wo zusätzlich der Pro-Kopf-Konsum von Nahrungsmitteln steigen wird (vgl. Abb. 25a und b).

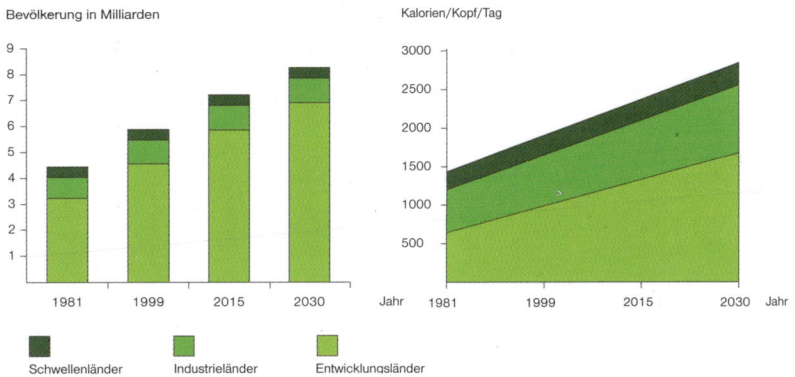

Abb. 25a+b: Wachsende Weltbevölkerung – Steigender Nahrungsbedarf[420]

Die Landwirtschaft muss deshalb stetig mehr Erträge bringen, was die Bauern in der Vergangenheit vor allem durch die Vergrösserung der Nutzfläche ermöglichten. In den letzten 50 Jahren ist die landwirtschaftlich genutzte Fläche weltweit jedes Jahr um ein Prozent gestiegen, die Erträge jedes Jahr zwischen zwei und vier Prozent.[421] Mittlerweile werden über 15 Millionen Quadratkilometer für den Getreideanbau genutzt (vgl. Abb. 27). Dies entspricht zwölf Prozent der weltweiten Landfläche.[422]

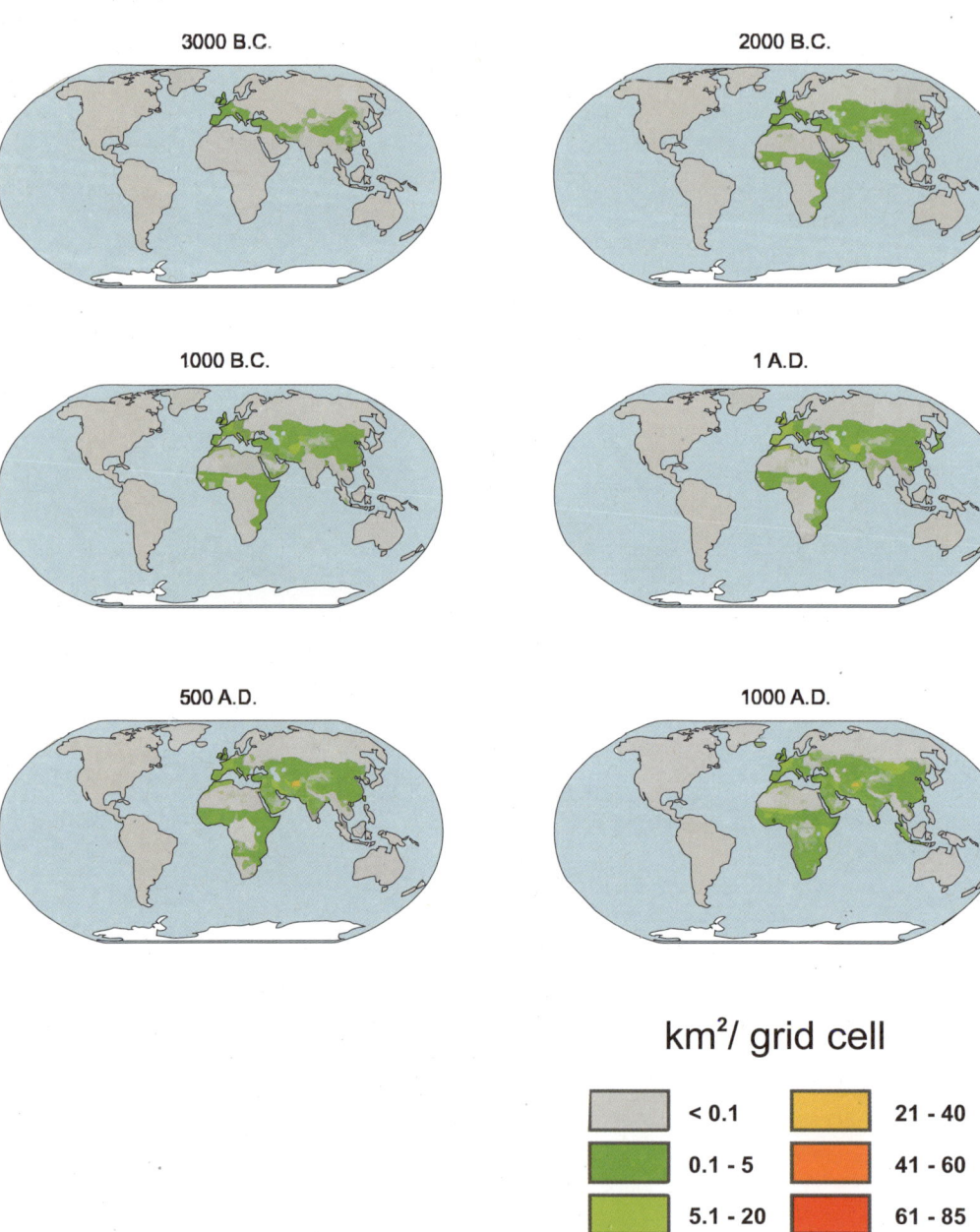

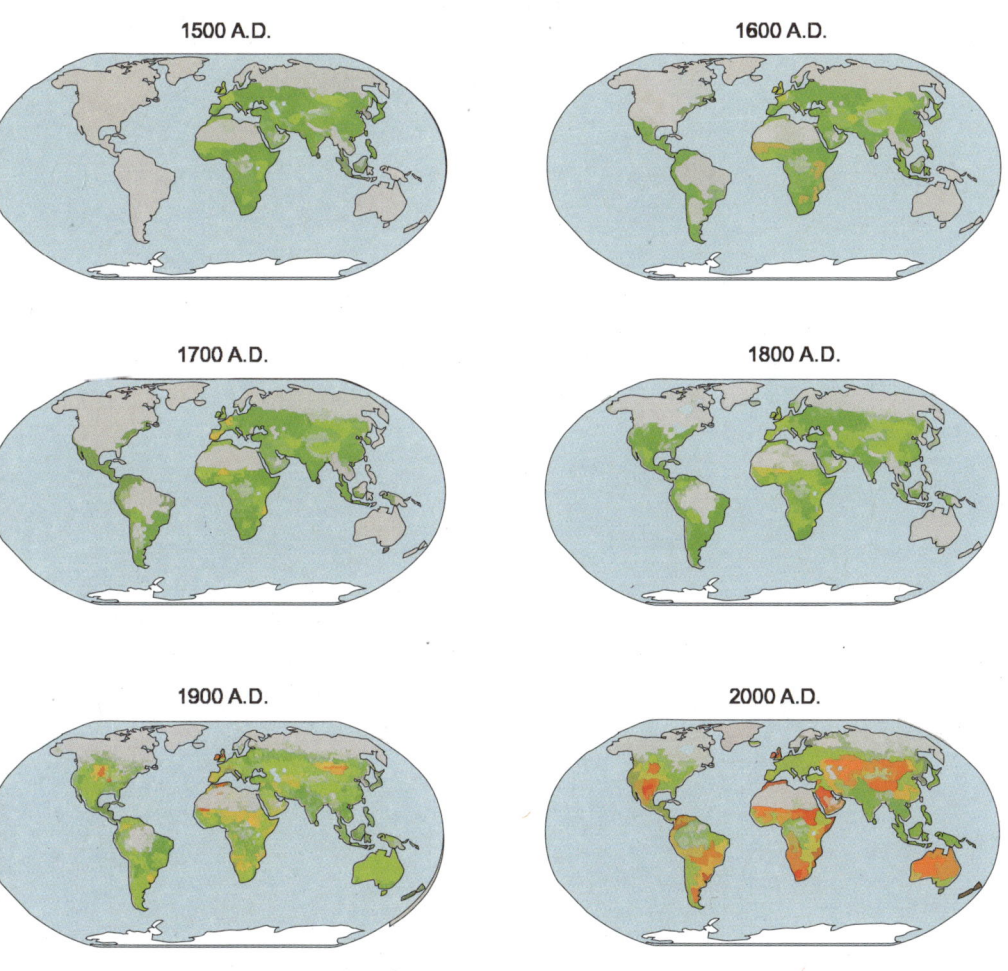

1500 A.D.

1600 A.D.

1700 A.D.

1800 A.D.

1900 A.D.

2000 A.D.

Abb. 26: Immer mehr menschlich genutzte Weidefläche: Die Entwicklung der weltweiten Landnutzung von 1000 bis 2005. Links: 3000 vor Christus bis 1000. Rechts: 1500 bis 2000.[419]

(Quelle: © 2010 Blackwell Publishing Ltd)

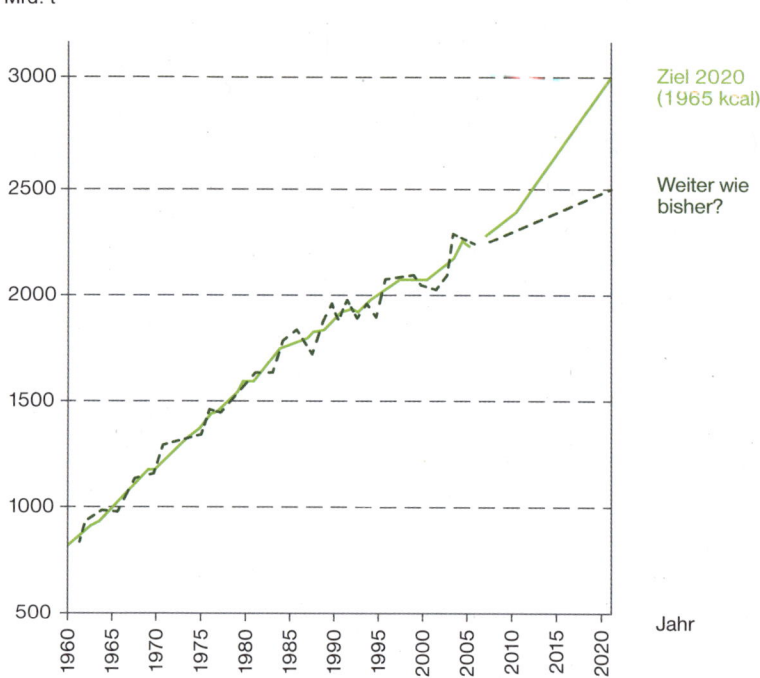

Abb. 27: Der weltweite Getreideanbau (in Mio. t) steigt, auch um den weltweiten Kalorienbedarf (mind. 1965 kcal pro Kopf und Tag) zu decken[423]

In Deutschland werden bereits über 50 Prozent der gesamten Fläche für die Landwirtschaft genutzt.[424] Die Umnutzung vorhandener natürlicher Flächen ist mit einem Verlust der Biodiversität verbunden. Biotope, die sich über Jahrhunderte artenreich entwickeln konnten, werden nach landwirtschaftlichen Kriterien in für die bestehende Pflanzen- und Tierwelt nicht lebensfähige Räume umgewandelt.

Das Effizienzstreben der Marktteilnehmer führt zu einer Reduzierung der Anbaupflanzen. Von den weltweit rund ca. 30.000 essbaren Pflanzen produzieren nur 20 Arten 80% der Nahrungsenergie (vgl. Abb. 28)[425].

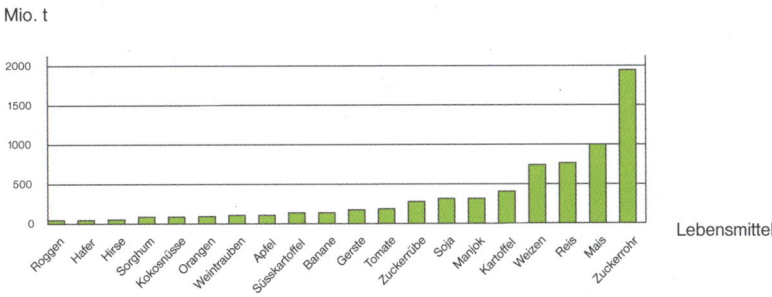

Abb. 28: Die wichtigsten 20 Nahrungspflanzen der Welt (in Mio. t)[426]

Nur drei Pflanzensorten decken heute 50 Prozent der für die menschliche Ernährung weltweit benötigten Nahrungsenergie: Mais, Reis und Weizen.[427] Für die Zukunft wird erwartet, dass die seit Jahrzehnten gewachsene Konzentration auf wenige Sorten weiter ansteigt (vgl. Abb. 29). Ein weiteres Beispiel für die Fokussierung ist der Anbau der Sojabohne: Wurden 1960 nur 17 Millionen Tonnen erzeugt, so waren es 2016 bereits knapp 335 Millionen.

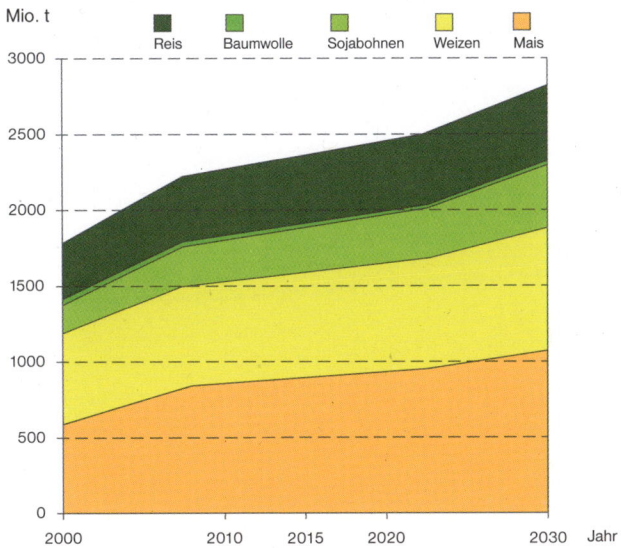

Abb. 29: Wachstumsbedarf bis 2030 für landwirtschaftliche Produkte (in Mio. t)[429]

«*Soja ist eines der sich weltweit am schnellsten ausbreitenden Anbauprodukte (...). Die Abholzung für die Sojaexpansion gilt als eine bedeutende Umweltbedrohung in Argentinien, Brasilien, Bolivien und Paraguay. Die Anbauflächen wurden teils in Gegenden ausgedehnt, die zuvor für andere landwirtschaftliche Aktivitäten oder als Weideland genutzt wurden, aber auch die zusätzliche Umwandlung der natürlichen Vegetation spielt eine große Rolle.*»[428]

Diese Abnahme der Strukturvielfalt ist dabei mit kürzeren Fruchtfolgen sowie erhöhten Nährstoffeinträgen verbunden. Auch langfristig kann sich deshalb auf den umgenutzten Flächen die Biodiversität nicht mehr in der verlorengegangenen Intensität entwickeln. Die Grösse und die Qualität der Lebensräume für Insekten sind entsprechend stark zurückgegangen. So sind beispielsweise die Vogelbestände in der Agrarlandschaft in der Europäischen Union von 1980 bis 2010 um rund 300 Millionen Brutpaare zurückgegangen.[430] Die nachfolgende Abbildung 30 zeigt die Rückgänge einzelner Vogelarten.

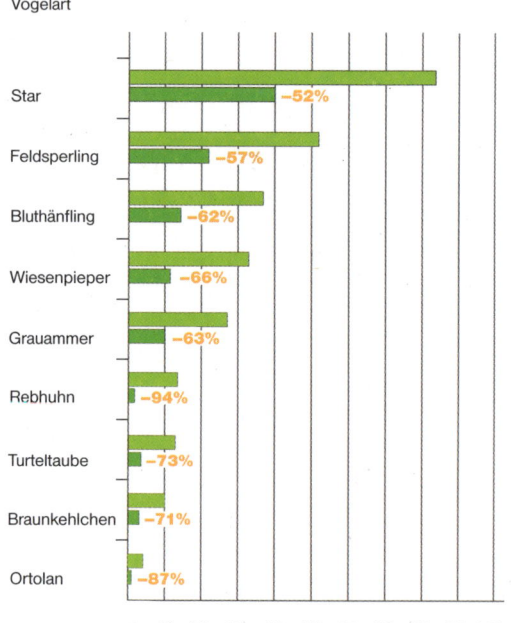

Abb. 30: Absolute Bestandszahlen und prozentuale Bestandsabnahmen ausgewählter Vogelarten der Agrarlandschaft auf europäischer Ebene (Vögel in Mio).[431]

Bei den Pflanzen sind vor allem die für Insekten besonders wichtigen Ackerwildkräuter zurückgegangen. Studien zeigen, dass die Artenvielfalt der rund 270 typischen Segetalarten (Ackerwildkrautarten) von 1950 bis heute zwischen 23 und 71% abgenommen hat.[432] In Frankreich konnte in einer umfangreichen Studie nachgewiesen werden, dass die Populationsdichten der noch vorhandenen Kräuter in den letzten 30 Jahren um 95 bis 99% gesunken sind.[433]

Generell führen die Erschliessung neuer Gebiete, die Umnutzung bestehender Flächen sowie die Rodung von Wäldern zum vollständigen Verlust der Lebensräume oder zur Abnahme der Attraktivität der Biotope für die etablierten Insektenarten. Dadurch reduziert sich auch die Insektenanzahl.

«Während die kleinbäuerliche Landwirtschaft für eine grosse Vielfalt an Nutzungen und Strukturen sorgte und unzähligen Bienenarten ein Auskommen in den Feldfluren ermöglichte, ist die heutige industrielle Landwirtschaft die Hauptursache für ihren gravierenden Rückgang.»[434] (vgl. auch Abb. 33)

Die neu entstandenen Biotope können jedoch andere Insekten anziehen und damit deren Population erhöhen. Ein Beispiel dafür ist der international zunehmende Maisanbau. Von 2006 bis 2013 erweiterte sich die weltweite Anbaufläche von 1,45 auf 1,8 Millionen Quadratkilometer und der Ertrag wuchs von 700 Millionen auf rund eine Milliarde Tonnen. Im gleichen Zeitraum nahm die Anbaufläche in Europa von 130.000 auf 190.000 Quadratkilometer zu.[435] Trotz des erhöhten Einsatzes von chemischen und biologischen Bekämpfungsaktivitäten stiegen die Artenvielfalt sowie die Populationsdichte von Schadorganismen deutlich. Unkräuter und Pilzkrankheiten entwickelten sich rasch und Insekten breiteten sich aus. Die Monokulturen (vgl. Abb. 23) zogen immer mehr Maiszünsler (*Ostrinia nubilalis*) an, die zusammen mit den in Frankreich und Spanien auftretenden Zünslern *Sesamia nonagrioides* Anfang der 2000er Jahre zwischen 25 und 50 Prozent des europäischen Maisanbaus schädigten. Auch andere Schmetterlinge wie Eulenfalter (Noctuidae) und Käfer wie Schnellkäfer (Elateridae) und der Westliche Maiswurzelbohrer (*Diabrotica virgifera virgifera*) fühlten sich schnell wohl und vermehrten sich entsprechend.[436] Weltweit zerstört der Maiswurzelbohrer rund sieben Prozent der landwirtschaftlichen Erträge und breitet sich weiter aus.[437] In den USA verursacht er heute Schäden und Pflanzenschutzkosten von ca. einer Milliarde US-Dollar pro Jahr.[438]

Auch in Deutschland hat der Maisanbau in den letzten Jahrzehnten stark zugenommen. Während im Jahr 1960 auf rund 560 Quadratkilometern Mais produziert wurde, waren es 1990 schon 16.050 und 2013 rund 25.000 Quadratkilometer (vgl. Abb. 31).[439] Die Befallsdichte und Gesamtpopulation des Maiszünslers gibt Landwirten Anlass zur Sorge: So konnte z.B. im nördlichen Niedersachsen nachgewiesen werden, dass der sich von Süddeutschland nach Norden ausbreitende Schmetterling im Jahr 2011 in weniger als 50 Prozent der Maisfelder mit einem Befall von weniger als einem Prozent vorhanden war. Drei Jahre später waren über 80 Prozent der Fläche mit mehr als einem Prozent befallen und sogar über ein Viertel mit mehr als fünf Prozent.[440] Im Jahr 2013 wurde der Maiszünsler in 90 Prozent aller deutschen Landkreise gefunden.[441] Schliesslich entdeckte man 2007 erstmals auch den Westlichen Maiswurzelbohrer in Deutschland. Aufgrund erheblicher chemischer Bekämpfungsmassnahmen konnte man seine Ausbreitung stoppen. Im Jahr 2013 wurde der Schädling immer noch in sieben Prozent der Landkreise nachgewiesen.[442]

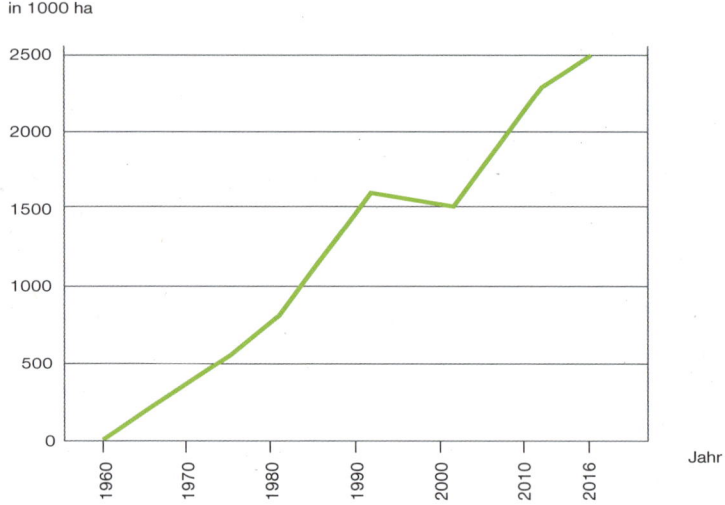

Abb. 31: Zunahme der Maisanbaufläche in Deutschland 1960 bis 2016 (in 1000 ha)[443]

Abb. 32: Die grossflächige Abholzung des Regenwalds zerstört Lebensräume und erhöht die CO_2-Konzentration der Atmosphäre.
(Bild: CC by CIAT, flickr.com)

Abb. 33: In der Landwirtschaft können Elemente wie z.B. artenreiche Blühwiesen die Biodiversität erhöhen sowie Nahrung und Lebensraum für Insekten bieten.
(Bild: © A. Heyd/NABU Bonn)

125

3.1.4 Schwefel- und Stickstoffemissionen

Wesentlichen Einfluss auf Lebensräume sowie auf die Landwirtschaft haben die anthropogen (z.B. durch die Verbrennung fossiler Brennstoffe) verursachten Schwefel- und Stickstoffverbindungen. Diese gelangen durch Regen und Nebel in den Boden (saurer Regen) und fördern die Eutrophierung (Überdüngung mit Nährstoffen) sowie die Versauerung der Böden. Zudem wird dem Boden bei der Düngung, die in den letzten Jahrzehnten pro Fläche weltweit stark zugenommen hat (vgl. Abb. 34), zu viel Phosphat zugeführt, was ein verstärktes Pflanzenwachstum hervorruft. Dadurch steigt die Biomasse und damit auch die Anzahl ihrer Verwerter. Diese benötigen zu viel Sauerstoff und erzeugen damit ein Ungleichgewicht, das dem Boden schadet und ihn degradieren lässt.

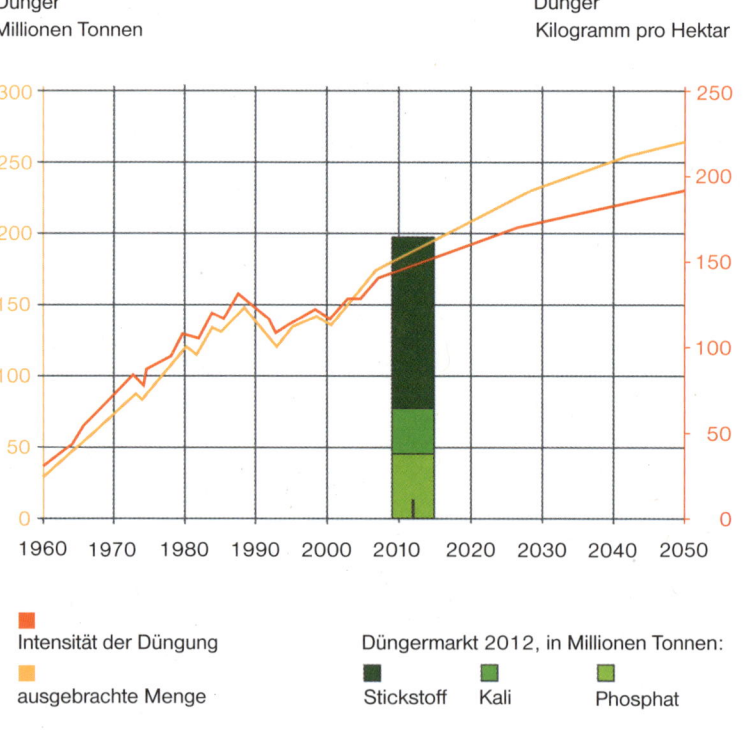

Abb. 34: Die weltweite Entwicklung des Düngereinsatzes: Die Mengen steigen[444]

Ein erhöhter Stickstoffgehalt wirkt sich auch direkt auf die Artenvielfalt in der Bodenfauna aus. Arten, die Stickstoff besonders mögen, wachsen schnell, andere, die nährstoffärmere Böden bevorzugen, gehen ein. Damit verändert sich die Artenzusammensetzung des jeweiligen Bodens, die sich vorher über lange Zeit optimiert hatte. Entsprechend wandelt sich langfristig das gesamte Ökosystem.

Besonders deutlich werden diese Zusammenhänge am Beispiel des Regenwurms. Wie Insekten kann er zu Hunderten pro Quadratmeter vorkommen und in vielfacher Hinsicht die natürliche Entwicklung des Bodens fördern. Seine Gänge geben Bakterien Luft zum Atmen und bieten Pflanzen die Möglichkeit, schneller zu wachsen. So vermischt er unterschiedliche Bodenschichten und baut organische Substanzen ab. Seine Exkremente dienen als Dünger. Um zu leben, braucht der Wurm einen spezifischen Säuregehalt im Boden. Eine Studie konnte zeigen, dass sich der Regenwurm bei einem ph-Wert des Bodens zwischen 5 und 6 am wohlsten fühlt (über 130 Würmer pro Quadratmeter).[445] Fällt der Wert dagegen unter 5, nimmt der Bestand rapide ab. Bei einem Wert von 4 bis 5 waren es nur rund 75 und bei einem Wert von unter 4 nur 10 Regenwürmer. Der Säuregehalt des Bodens wird sehr stark durch den Eintrag von Stickstoff, Schwefel und anderen Stoffen reduziert. So drängen diese Stoffe direkt den Bestand der Regenwürmer zurück und wirken sich massiv auf die Entwicklung der Böden und damit auf das Pflanzenwachstum und die Insektenpopulationen aus.

3.1.5 Forstwirtschaft

Die Forstwirtschaft beeinflusst die Lebensräume von Insekten. 40 Millionen Quadratkilometer oder 30 Prozent der gesamten weltweiten Landfläche sind mit Wald bedeckt, wovon allein 50 Prozent in Russland, Brasilien, Kanada, USA und China liegen. Jedes Jahr werden rund 130.000 Quadratkilometer Waldfläche gerodet und damit natürliche Lebensräume vernichtet.[446] Trotz umfangreicher Neuanpflanzungen beträgt der jährliche Nettoverlust immer noch rund 50.000 Quadratkilometer. Das entspricht einem täglichen Rückgang von 140 Quadratkilometern und damit einer Fläche von der Grösse einer Stadt wie Bonn.[447]

Wichtig für die Artenvielfalt ist nicht nur die Quantität sondern auch die Qualität des Waldes, z.B. bezüglich des Alters. Die Bäume werden in der Regel im ersten Drittel ihrer biologischen Lebenszeit gefällt. Damit wird viel natürliches Wachstumspotential nicht genutzt. Deshalb können sich manche Pflanzen und Tiere überhaupt nicht mehr entwickeln, vor allem nicht solche, die auf alte Waldbestände angewiesen sind. So sind z.B. nur 2,3 Prozent der Bäume älter als 160 Jahre.[448]

In Südamerika und Afrika sowie in Süd- und Südostasien ist der Holzeinschlag am gravierendsten. In den westlichen Industrieländern hingegen konnte die negative Entwicklung gestoppt werden: In Nordamerika stagniert die Grösse der Waldfläche und in Nordeuropa kann mittlerweile ein leichter Anstieg verzeichnet werden. Weltweit schrumpfte der Wald jedoch von 1990 bis 2015 um 3,1 Prozent.[449]

Damit wird nicht nur der Lebensraum zahlreicher Tiere und Pflanzen zerstört, sondern auch der CO_2-Gehalt der Atmosphäre gesteigert. Der Wald entzieht bei der Photosynthese der Atmosphäre ständig Kohlendioxid (CO_2) und dient somit als grosse Kohlenstoffsenke. Jedes Kilogramm Holz kann zwei Kilogramm Kohlenstoff speichern. Primärwälder halten entsprechend grosse Mengen an Kohlenstoff vor. Allein die jährliche Rodung der Tropenwälder ist für 20 Prozent der globalen Treibhausgasemissionen verantwortlich und trägt so wiederum wesentlich zum Klimawandel bei (vgl. Abb. 32).[450]

3.2 Bestandsentwicklung

Zahlreiche Zählungen in den letzten Jahrzehnten belegen, dass die Anzahl der Individuen sowie die Anzahl der Arten von Insekten stark rückläufig sind. Andere Studien berichten wiederum von Populationszuwächsen und vom Fund neuer oder verschollen geglaubten Insektenarten.[451] Um die Komplexität der Zusammenhänge bezüglich der Populationsdynamiken aufzuzeigen, werden nachstehend ganz unterschiedliche empirische Untersuchungen beschrieben.

Welt: Invasive Arten nehmen zu

Invasive Arten sind äusserst konkurrenzstarke Pflanzen oder Tiere, die in neue, für sie unnatürliche Regionen eindringen und sich dort schnell vermehren. Die Verschleppung der Organismen geschieht dabei in der Regel durch den Menschen. Weltweit ist wegen des seit Jahrzehnten wachsenden internationalen Warenverkehrs ein Anstieg der invasiven Arten zu verzeichnen, zu denen im Besonderen auch Insekten gehören.[452] Drei Beispiele mögen die Populationsdynamiken verdeutlichen.

1) Invasive Ameisen
Im Gegensatz zu anderen Ameisen haben die einzelnen Nester der invasiven Arten mehrere Königinnen und bekämpfen sich nicht gegenseitig. So entstehen «gigantische Netzwerke kooperierender Kolonien»[453], die sich über Hunderte von Kilometer erstrecken können. Die meisten bekannten Arten sind temperatursensibel und kommen nur in warmen Gegenden vor. Die beiden Arten *Lasius neglectus* und *Formica fuscocinera* sind jedoch frostresistent. Sie haben sich seit 1990 von Ungarn aus über Gütertransporte in Europa von Spanien bis Norddeutschland ausgebreitet.[454] In Spanien wurde beispielsweise ein Netzwerk auf insgesamt 14 Hektar mit 112 Millionen Arbeiterinnen und 350.000 Königinnen gezählt.[455]

2) Invasive Wespen
Die in Europa und Asien endemische Gemeine Wespe *Vespula vulgaris* hat sich bereits vor über 20 Jahren in Argentinien, Hawaii, Australien und Neuseeland und seit 2011 auch in Chile[456] angesiedelt. Auf Neuseeland vermehrt sich das Insekt, das 1.000 bis 2.000 Königinnen pro Kolonie produziert, am schnellsten. Dort werden mittlerweile bis zu 40 Nester pro Hektar und 370 Wespen pro Quadratmeter Baumfläche gezählt.[457]

3) Invasive Kleinschmetterlinge
Der aus Ostasien stammende Kleinschmetterling *Cydalima perspectalis* (Buchsbaumzünsler) wurde erstmalig 2007 durch befallene Pflanzen nach Europa verschleppt. Innerhalb von nur fünf Jahren hat er sich in mindestens 16 Ländern ausgebreitet.[458]

Studien zu Nordamerika

Mückenzunahme in Siedlungsgebieten der USA

In den letzten 50 Jahren haben sich die Bestände von parasitären Mücken an der Westküste sowie an der Ostküste der USA verzehnfacht und die Anzahl der Arten teilweise verdreifacht.[459] Forscher konnten nachweisen, dass nicht die festgestellte Temperaturerwärmung der Hauptgrund für diese Zunahme ist, sondern zwei andere Umstände:[460]

1) Verbot von Dichlorodiphenyltrichloroethane (DDT)
Von 1940 bis 1972 wurde DDT grossflächig zur Insektenbekämpfung in den USA eingesetzt. Obwohl es in den 1970er Jahren verboten wurde, konnte es noch im Jahr 2000 im Boden nachgewiesen werden. Die Wissenschaftler stellten einen konkreten Bezug zwischen der nachlassenden Langzeitwirkung des Insektizids und der Entwicklung der Mücken fest.

2) Anhaltende Urbanisierung
Die Versiegelung mit wasserundurchlässigen Oberflächen wie z.B. gepflasterten Plätzen oder Gebäuden und Strassen sowie den künstlich angelegten Wasserläufen haben den Mücken in der Vergangenheit ideale Brutplätze geboten. Die Ballung der menschlichen Lebensräume verschaffte den parasitären Insekten eine Zunahme der natürlichen Wirte.

Abnahme der Schmetterlinge in Nord- und Mittelamerika

Die in den USA und Kanada weit verbreitete, wärmeliebende Schmetterlingsart des Monarchfalters *Danaus plexippus* überwintert gewöhnlich in Mexiko. Dort sind in den letzten 20 Jahren die Bestände um 84% zurückgegangen (vgl. Abb. 35).[461] Im Frühjahr starten die Insekten in den Süden der USA, um dort ihre Eier auf die heranwachsenden Seidenpflanzen zu legen. Die nächste Generation fliegt dann in den Norden der Staaten und nach Südkanada. Die Gründe für den Rückgang der Schmetterlinge sind nicht ganz klar. Mehrere Studien belegen, dass der Rückgang mit dem Einsatz von Pflanzenschutzmitteln im Süden und Mittleren Westen der USA verbunden ist: Um effektiver Landwirtschaft zu betreiben, wird die Seidenpflanze mit chemischen Mitteln zurückgedrängt.[462]

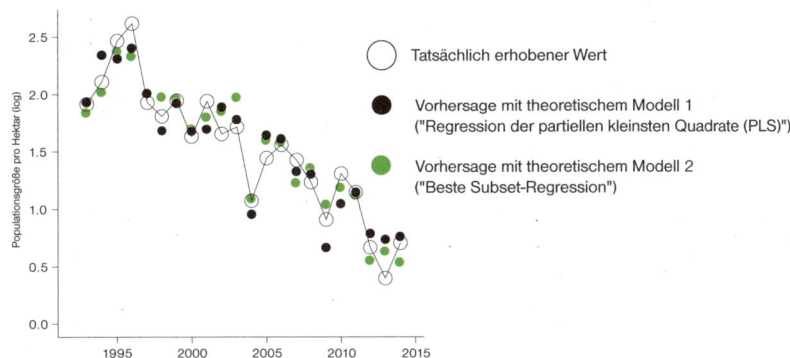

Abb. 35: Entwicklung der Überwinterungspopulationen des Monarchfalters (*Danaus plexippus*) auf der östlichen Zugroute. Gegenüberstellung von zwei statistischen Modellvorhersagen und der tatsächlich feldbiologisch erhobenen Populationsgrösse (pro Hektar (log)).[463]

Abnahme der Bienen in den USA

Eine Studie, die über 100 Jahre alte Daten ausgewertet hat, konnte zeigen, dass die Wildbienenbestände in walddominierten Regionen im Mittleren Westen der USA um 50% zurückgegangen sind.[464]

Abnahme der Marienkäfer in Nordamerika

Die Bestände des in ganz Nordamerika weit verbreiteten Marienkäfers *Coccinella novemnotata* sind von 1995 bis 2014 um 70% zurückgegangen. Die Forscher erwarten, dass das intensive Insektensterben weiter anhält. Als Gründe werden invasive Insekten, der Einsatz von Insektiziden sowie die Urbanisierung genannt.[465]

Studien zu Europa

Abnahme der Grasland-Schmetterlinge in ganz Europa

Europaweit gingen Grünland-Schmetterlinge, die sich am liebsten auf Wiesen aufhalten, zwischen 1990 und 2013 um 30% zurück.[466] Hauptgrund ist die sich ausbreitende Landwirtschaft, die immer mehr natürliche Graslandschaften umwandelt.

Zunahme der Schmetterlinge in England

Forscher konnten in England herausfinden, dass sich die Bestände des Schmetterlings Kleiner Sonnenröschen-Bläuling (*Aricia agestis*) von den 1980er Jahren bis 2009 um das 5,3-fache erhöht haben.

Der Hauptgrund war das aufgrund des Temperaturanstiegs erhöhte pflanzliche Nahrungsangebot (längere Vegetationszeit) und die damit verbundene um knapp 80 Kilometer vergrösserte Ausbreitung des Insektes nach Norden.[467]

Abnahme der Schmetterlinge und anderer Insekten in England
Die Auswertung zahlreicher Studien zeigte, dass in den letzten 40 Jahren in England die Bestände von Libellen um 60%, die der Hautflügler, zu denen beispielsweise die Bienen und Ameisen gehören, um knapp 50% und die der Schmetterlinge um 45% zurückgegangen sind.[468]

Abnahme der Schmetterlinge in Holland
Eine grosse Studie in Holland konnte nachweisen, dass die Schmetterlingsbestände in den letzten 25 Jahren um 40% zurückgingen. Die 47 beobachteten Arten haben sich dabei unterschiedlich entwickelt. Während die Hälfte zurückging, stagnierten einige und für elf Arten konnten Anstiege festgestellt werden. Die Forscher machen für den hohen Individuenverlust zu hohe Stickstoffbelastungen sowie die Zerstörung der natürlichen Lebensräume verantwortlich.[469]

Abnahme der Laufkäfer in England
Eine über mehrere ländliche Erhebungsorte in ganz England vorgenommene Beobachtung konnte zeigen, dass die Anzahl der Laufkäferarten von 1998 bis 2008 um 30% zurückgegangen ist. Die Populationen haben im gleichen Zeitraum bis zu 52% abgenommen.[470]

Studien zu Deutschland

Abnahme der Zikaden/Heuschrecken, Wachstum der Wanzen
Eine Studie verglich die gefundenen Insektenbestände von 1951 mit eigenen von 2009 in ländlichen Gegenden Mitteldeutschlands. Die Ergebnisse fielen sehr unterschiedlich aus:[471]
- Die Population der pflanzensaugenden Zikaden nahm um 64% ab, während ihre Artenzahl um 36% anstieg
- Es wurden ebenfalls 64% weniger Heuschrecken gefunden, dafür aber 20% mehr Arten
- Wanzen hingegen entwickelten sich auch in ihren Beständen positiv: Die Anzahl der Individuen nahm um 28% zu, die Artenvielfalt um 20%

Abnahme der Bienen

Insektenzählungen aus Süddeutschland zeigen innerhalb von zehn Jahren einen drastischen Rückgang von bis zu 75% bei gewissen Bienenarten und deren Populationen.[472] Bestandsrückgänge sind auch bei bisher weit verbreiteten und häufigen Arten, wie z.B. bei der Gemeinen Furchenbiene (*Lasioglossum calceatum*) zu verzeichnen, deren Zahl innerhalb von 40 Jahren um über 95% abnahm.[473]

Abnahme der Schmetterlinge und Schwebfliegen

Mit einer grossen Studie in Mitteldeutschland wurden von 1989 bis 2013 bei Grossschmetterlingen ein Artenverlust von 22% und ein Individuenverlust von 56% gemessen. Bei den Schwebfliegen liegen der Artenverlust bei 27% und der Individuenverlust bei 84%.[474]

Abnahme von Fluginsekten / Zunahme eines Schmetterlings

J. H. Reichholf konnte in einem knapp 50 Jahre langen Untersuchungszeitraum feststellen, dass die Schmetterlingsbestände in Süddeutschland im Stadtgebiet und im Wald konstant blieben oder leicht zurückgingen.[475] In den Randgebieten, dort wo sich die Landwirtschaft immer mehr ausgebreitet hat, sind dagegen die Bestände der Fluginsekten um 95% zurückgegangen.[476] Die Anzahl der Insektenarten reduzierte sich um mehr als 57% (vgl. Abb. 36 und 37).[477]

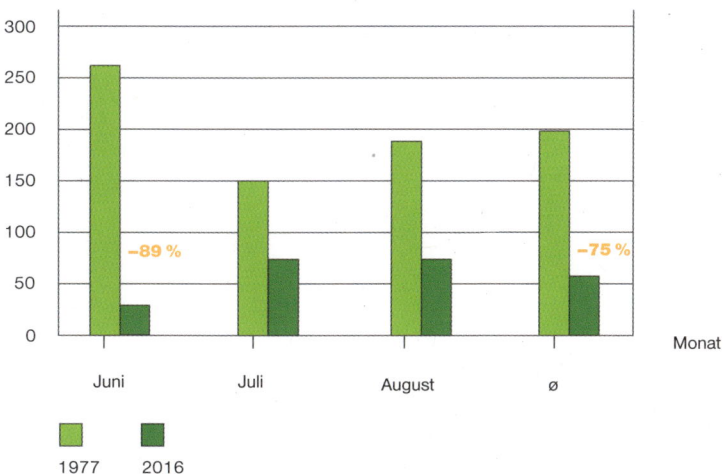

Abb. 36: Rückgänge der Nachtfalterhäufigkeiten am Ortsrand im Vergleich der Sommermonate in den Jahren 1977 und 2016. «Die stärkste Änderung fand im Juni statt, in einer Zeit also, in der die Maisfelder und andere Feldrüchte noch ‹gespritzt› werden.»[478]

133

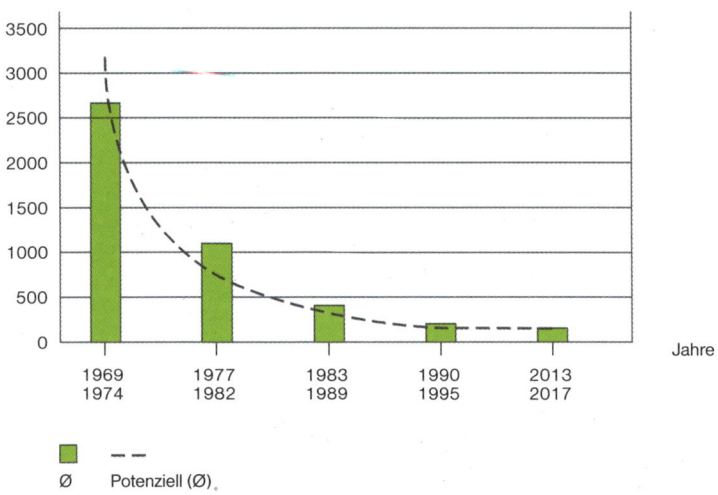

Abb. 37: Der Rückgang der Fluginsekten am Ortsrand in Südostbayern[479]

In unmittelbarer Nähe zu den Untersuchungsorten am Dorfrand wurde in den 1980er Jahren mit dem Maisanbau begonnen. Der vorher nicht existente Maiszünsler (*Ostrinia nubilalis*) breitete sich schnell aus und erhöhte so den Insektenbestand auf der landwirtschaftlich genutzten Fläche (vgl. Abb. 38).

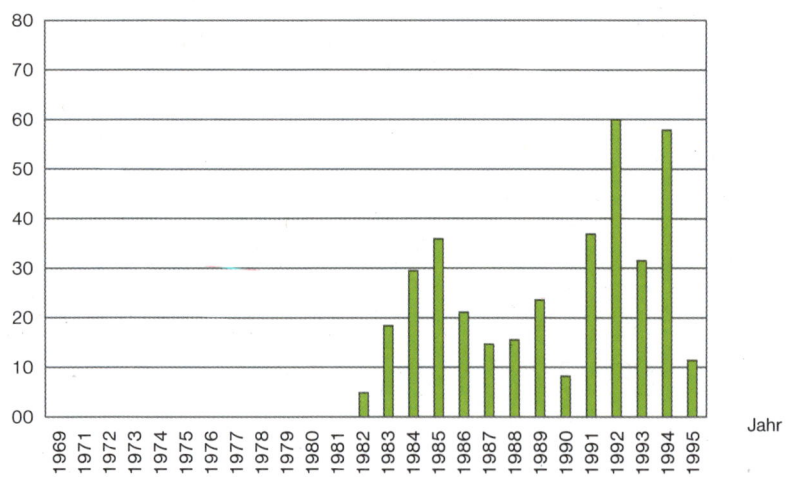

Abb. 38: Auftreten des Maiszünslers (*Ostrinia nubilalis*) mit Beginn des Maisanbaus[480]

3.3 Rote Listen

Die sogenannten Roten Listen sind umfangreiche Fachgutachten über die periodische Entwicklung der Individuen- und Artenanzahl von Pflanzen und Tieren. Sie werden von amtlichen Stellen wie nationalen Umweltbehörden zusammengetragen und veröffentlicht. Um möglichst generelle Aussagen zum landesweiten Zustand der spezifischen Pflanzen- oder Tierart zu erzielen, werden von zahlreichen Fachpersonen

- bestehende, mind. zehn Jahre alte Aufzeichnungen gesichtet: Identifizierung spezifischer Arten, Erhebungsorte, Populationsdichten

- Beobachtungen an quantitativ und geographisch repräsentativen, zahlreichen Erhebungsorten durchgeführt

- aktuelle Ergebnisse mit den alten abgeglichen, mit weiterer Fachliteratur nach einheitlichen Kriterien bewertet.

Aufgrund ihrer umfangreichen Datenbasen und ihrer wissenschaftlichen Erstellung sind die Roten Listen in Forschung, Politik und Gesellschaft sehr anerkannt und werden als das «Fieberthermometer des Naturschutzes»[481] bezeichnet. In Europa und vor allem im deutschsprachigen Raum werden seit Jahrzehnten umfangreiche Rote Listen für Insekten geführt. In Deutschland werden diverse Insektenarten bereits seit den 1970er Jahren strukturiert beobachtet und kontinuierlich dokumentiert. Mittlerweile können die Wissenschaftler pro Insektenfamilie (wie zum Beispiel bei den Schwebfliegen) rund 300.000 Datensätze und 1.300.000 Einzelnachweise auswerten. Für die Rote Liste dieser Fliegen konnte somit eine geographische Abdeckung von 63% für Deutschland erzielt werden (vgl. Abb. 39).[482]

Rote Listen werden weltweit erarbeitet und veröffentlicht. Die 1948 gegründete Weltnaturschutzunion IUCN trägt die Studien in Kooperation mit 1.300 Organisationen aus 160 Ländern zusammen und publiziert regelmässig die Ergebnisse.

Aussagen über die weltweite Entwicklung der Insekten können nur eingeschränkt erfolgen. Einerseits sind die Anstrengungen für die

Beobachtung, Analyse und Dokumentation der Insektenpopulation international sehr unterschiedlich. So wird z.B. in Entwicklungs- und Schwellenländern eher über Grosstiere und wichtige Pflanzen geforscht. Andererseits ist die Insektenvielfalt so gross, dass viele Arten nur in einzelnen Ländern vorkommen und ihre Populations- dynamiken entsprechend nicht international verglichen werden können. Schliesslich spielt die Landesgrösse eine wichtige Rolle. Je grösser das Land, desto mehr Erhebungsorte sind notwendig, um nationale Trends zu ermitteln. Für die USA, Kanada, Russland oder China und Indien liegen auf Basis von Gefährdungsbeurteilungen nur wenige Informationen vor. Ohne diese grossen Gebiete und ohne Daten aus den Entwicklungs- und Schwellenländern können nur beschränkt weltweite Aussagen gelten. Nachstehend werden auf Basis der Roten Listen Informationen über die Entwicklung der Insekten beschrieben.

Welt

Weltweit sind gemäss IUCN 50% aller Insektenarten in ihrem Bestand gefährdet. Die Organisation hat die internationalen Populationsdaten von rund 1.200 Insektenarten ausgewertet und konnte feststellen, dass über 600 Arten stark zurückgegangen sind.[484]

Nordamerika: Kanada

Beispielhaft für den Insektenrückgang in Kanada kann eine der am stärksten verbreiteten Hummelarten genannt werden: *Bombus terri- cola* (Yellow-banded Bumble Bee). In den letzten zehn Jahren sind die Bestände um 34% zurückgegangen. Die nationale Umweltbe- hörde geht von einer weiter anhaltenden Entwicklung aus, sodass innerhalb von 20 Jahren rund 65% der Populationen verschwunden sind.[485] Insgesamt 65 Insektenarten werden für Kanada als bestands- gefährdet beschrieben.[486]

Nordamerika: USA

Beispielhaft für das Insektensterben in den USA kann auch hier eine weit verbreitete Hummelart genannt werden: *Bombus affinis* (Rusty Patched Bumble Bee). In den letzten 20 Jahren sind die Bestände um 87% zurückgegangen.[487] Die Umweltbehörde beschreibt 94 Insekten- arten als bestandsgefährdet.[488]

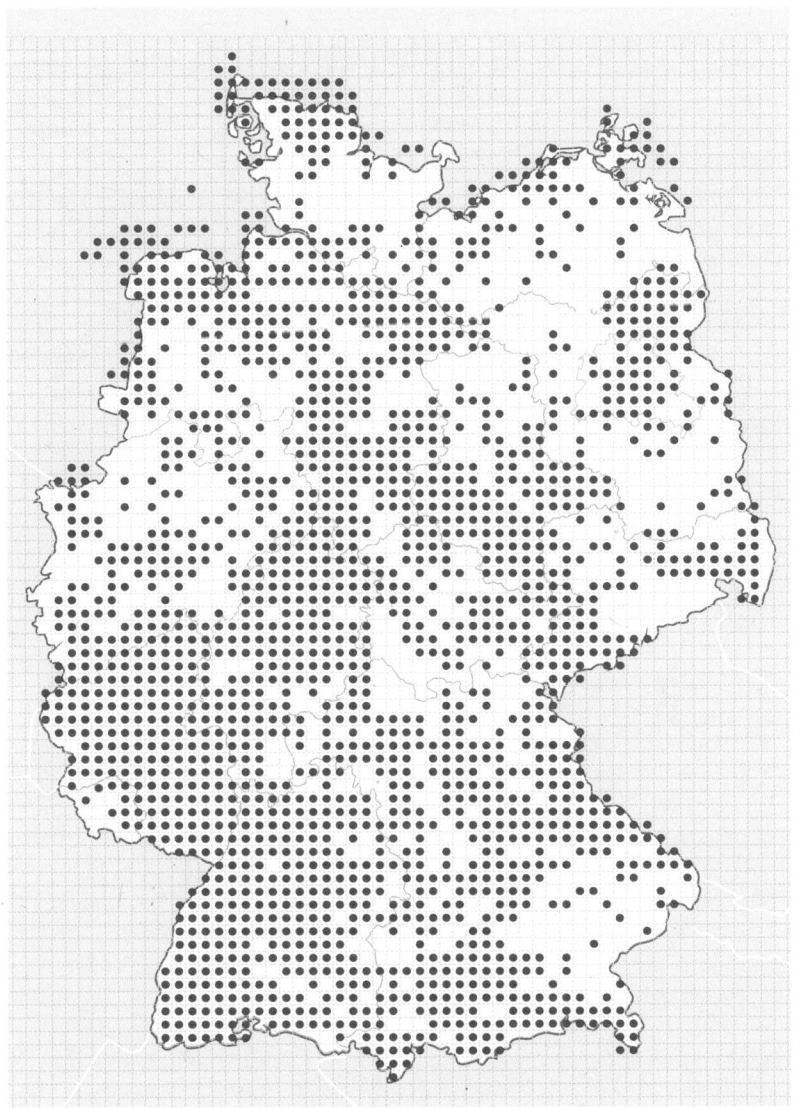

Abb. 39: Karte der vorliegenden Rasternachweise von Syrphiden (Schwebfliegen): Die
Rote Liste erzielt eine geographische Abdeckung von 63% für Deutschland[489]

Australien: Viktoria

Im südöstlichen Bundesstaat Victoria befinden sich 102 Insektenarten auf der Rote Liste. Von diesen sind fünf bereits ausgestorben, 61 (59%) gelten als gefährdet und sechs nahe an einer Gefährdung (30 Arten mit ungewissen Daten).[490]

Asien: Bangladesch

Von 305 erfassten Schmetterlingsarten sind 61% entweder bereits heute bestandsgefährdet oder stehen kurz davor (10% der Arten mit ungewissen Daten).[491]

Afrika: Uganda

Von den 490 erfassten Schmetterlingsarten sind 184 (37,5%) in ihrem Bestand gefährdet und 71 (14,5%) sind nah an einer Gefährdung (48% der Arten mit ungewissen Daten). Bei den Libellen werden 97 Arten geführt: 80% gelten als bedroht oder nahe vor einer Bedrohung (20% der Arten mit ungewissen Daten).[492]

Europa

Gemäss den Roten Listen sind folgende Tiere in ganz Europa bestandsgefährdet (gefährdet oder nahe an der Gefährdung):

- 14% der Bienen (57% ungewisse Daten)[493]
- 27% der Holzkäfer (25% ungewisse Daten)[494]
- 26% der Grosslibellen (4% ungewisse Daten)[495]
- 19% der Schmetterlinge (1% ungewisse Daten)[496]

Nachstehend sind Beispiele aus europäischen Ländern beschrieben.

Schweiz

Gemäss den vom Schweizerischen Bundesamt für Umwelt herausgegebenen Roten Listen sind heute rund 40% aller Insektenarten in ihrem Bestand gefährdet und zusätzlich über 11% potentiell gefährdet (vgl. Tab. 3). Der Rückgang der Arten ist dabei sehr unterschiedlich: Gelten rund 18% der Netzflügler in ihrem Bestand als gefährdet, so sind es bei den Tagfaltern (Schmetterlinge) über 52%, bei den Fliegen wie Eintagsfliegen, Steinfliegen und Köcherfliegen rund 45%[497] und bei den Wasserkäfern über 62%.[498] 5,5% aller Insektenarten sind ausgestorben, bei den Bienen sind es sogar 11,7%.[499]

Insekten	In der Schweiz ausgestorben RE	Vom Aussterben bedroht CR	Stark gefährdet EN	Verletzlich VU	Potentiell gefährdet NT	Nicht gefährdet LC	Gefährdete Arten RE+CR+ EN+VU
alle	5,5 %	7,6 %	11,5 %	16,1 %	11,4 %	47,9 %	**40,7 %**
Schnaken	1,3 %	11,9 %	7,3 %	9,9 %	13,9 %	55,7 %	**30,5 %**
Tagfalter	0 %	6,3 %	25,5 %	20,3 %	6,8 %	41,1 %	**52,1 %**
Köcherfliegen	5,8 %	10,0 %	16,1 %	18,6 %	14,8 %	34,7 %	**50,5 %**
Ameisen	2,2 %	3,8 %	12,9 %	15,9 %	12,9 %	52,3 %	**34,0 %**
Bienen	11,7 %	4,3 %	7,3 %	21,7 %	6,5 %	48,5 %	**45,0 %**
Laufkäfer	6,3 %	8,9 %	7,3 %	6,7 %	14,3 %	56,4 %	**29,3 %**
Wasserkäfer	0 %	5,2 %	27,1 %	30,3 %	7,7 %	29,7 %	**62,6 %**
Netzflügler	0 %	1,7 %	4,3 %	12,1 %	8,6 %	73,3 %	**18,1 %**
Steinfliegen	6,4 %	9,2 %	12,9 %	11,9 %	17,4 %	42,2 %	**40,4 %**
Heuschrecken	3,0 %	9,8 %	7,8 %	18,6 %	18,6 %	42,2 %	**39,2 %**
Libellen	2,8 %	16,7 %	9,7 %	6,9 %	16,7 %	47,2 %	**36,1 %**
Eintagsfliegen	3,6 %	14,3 %	8,3 %	16,7 %	10,7 %	46,4 %	**42,9 %**

Tab. 3: Gefährdete und potentiell gefährdete Arten (nur Insekten)[500]

Österreich

In Österreich zeigt sich eine vergleichbare Situation. So sind z.B. gemäss den umfangreichen Roten Listen des Umweltbundesamtes konkret ausgestorben, stark gefährdet oder kurz vor der Gefährdung:

- Nachtfalter: 40,8%[501]
- Tagschmetterlinge: 51,6%[502]
- Netzflügler: 43,8%[503]
- Heuschrecken: 57,1%[504]
- Zikaden: 56,0%[505]
- Köcherfliegen: 59,9%[506]

Deutschland

Die vom Bundesamt für Naturschutz veröffentlichten Roten Listen zeigen, dass rund 45% aller Insektenarten stark rückläufig sind (vgl. Tab. 4)[507]

Insekt	A	AB	SG	G	GU	ABG	ES	VL	U	DU
Schweb-fliegen	1,1	11,4	7,1	8,6	3,5	31,7	4,8	6,9	49,9	6,7
Langbein-Tanz-Renn-raubfliegen	11,5	7,9	20,5	25,8	2,8	68,5	0,1	0,6	26,5	4,2
Raubfliegen	3,7	4,9	17,3	6,2	9,9	42,0	6,2	11,1	32,1	8,6
Tagfalter	2,7	6,5	17,9	13,6	1,1	41,8	12,0	11,4	31,0	3,8
Zünslerfalter	2,7	5,5	11,0	14,1	4,3	37,6	7,1	7,1	43,1	5,1
Bienen	7,0	5,6	14,0	15,3	6,1	47,9	4,7	7,5	37,2	2,7
Wespen	6,4	6,3	7,5	13,4	9,7	43,3	2,9	3,6	48,3	2,0
Ameisen	0,9	9,3	24,1	17,6	0,9	52,8	3,7	16,7	25,9	0,9
Heuschrecken	2,5	11,4	16,5	6,3	1,3	38,0	3,8	5,1	51,9	1,3
Schmetter-lingsmücken	0,0	0,0	0,0	0,8	10,5	11,3	0,8	7,5	38,3	42,1
Laufkäfer	4,3	7,2	11,0	12,2	0,2	35,0	11,4	9,8	42,9	0,9

A	Ausgestorben oder verschollen	ABG	Ausgestorben oder bestandsgefährdet
AB	Vom Aussterben bedroht	ES	Extrem selten
SG	Stark gefährdet	VL	Vorwarnliste
G	Gefährdet	U	Ungefährdet
GU	Gefährdung unbekannten Ausmasses	DU	Daten unzureichend

Tab. 4: Insektenfamilien und ihre Gefährdung in Deutschland[508]

3.4 Zusammenfassung

Wie aussagekräftig sind nun die Ergebnisse der verschiedenen Untersuchungen? Nehmen die Insekten weltweit nun zu oder ab? Die bisherigen Ausführungen im dritten Kapitel beantworten diese Fragen mit drei Punkten:

1)   Anforderungen an Studien
2)   Einzelne Insektenarten nehmen zu
3)   Die meisten Insektenarten gehen zurück

Anforderungen an Studien

In Kapitel 3.2 werden empirische, wissenschaftliche Studien gezeigt, die entweder von der erfolgten Vermehrung der Insekten oder von der Abnahme der Tiere berichten. Es wird deutlich, dass aufgrund dieser oftmals wenige Arten umfassenden, auf einen oder wenige Orte beschränkten Beobachtungen weder auf die generelle, historische Entwicklung der Arten in einer Region noch auf die artenübergreifende Bestandsdynamik generell geschlossen werden kann. Um valide Ergebnisse zu erzielen, sollten Studien unterschiedlichen Ansprüchen genügen:

Langfristige Untersuchungszeiträume
Bestandsbestimmende Faktoren wie z.B. Wetter und Nahrungsangebot verändern sich kurzfristig. Untersuchungen, die sich nur auf eine Saison oder wenige Jahre beziehen, können daher nicht einen Trend, sondern nur eine Momentaufnahme darstellen.

Grossflächige Untersuchungsgebiete durch zahlreiche Einzelerhebungen
Aufgrund von anthropogenen Einflüssen können sich kleine Biotope vollständig verändern: Plötzlich wird eine Fläche versiegelt und der Insektenbestand vollständig eliminiert. Werden im Umfeld jedoch insektenfreundliche Lebensräume errichtet, kann der Bestand im Ganzen zunehmen. Um Aussagen z.B. über die Situation in einem Land zu machen, sind daher Erhebungen an vielen Orten notwendig.

Heterogene Untersuchungsgebiete
Um einen regionalen oder nationalen Trend zu beschreiben, müssen unterschiedliche und repräsentative Biotoptypen gewählt werden. Entwicklungen in Waldgebieten können z.B. konträr denen in Siedlungsgebieten sein.

Wichtigkeit der Anzahl von Insektenarten
Aufgrund von menschlichen Aktivitäten können sich Insektenbestände stark erhöhen. Werden z.B. lange bestehende Anbaugebiete mit unterschiedlichen Früchten plötzlich auf nur eine Frucht wie Mais umgestellt, wandert der Maiszünsler ein und kann sich aufgrund fehlender Fressfeinde rasant entwickeln. Der Gesamtbestand an Insekten nimmt zu, die Artenvielfalt dagegen reduziert sich erheblich. Untersuchungen über Insekten sollten daher auch immer auf die jeweiligen Tierarten Bezug nehmen.

Einzelne Insektenarten nehmen zu

Die Zunahme der Monokulturen in der Landwirtschaft generiert einigen wenigen, herbivoren Insekten ein Überangebot an Nahrung. Der gewachsene Güter- und Personenverkehr importiert invasive Arten, die sich schnell in fremden Gebieten ausbreiten. Die Urbanisierung fördert aufgrund des engen Zusammenlebens der natürlichen Wirte zusammen mit der wachsenden Bevölkerung parasitäre Insekten. Die globale Klimaerwärmung vergrössert die Lebensräume temperaturunsensibler Arten und extreme Wetterereignisse wie Überschwemmungen bilden ideale Brutstätten für Mücken.

Die meisten Insektenarten gehen zurück

Die Roten Listen verdeutlichen, dass die meisten Insektenarten in den letzten Jahrzehnten stark zurückgegangen sind. Die Ergebnisse zeigen zwei Aspekte:

1) Abnahme der Anzahl der Individuen. Damit hat sich die Quantität der von den Insekten erbrachten Dienstleistungen für die Natur deutlich reduziert. So wurden z.B. weniger Pflanzen bestäubt und weniger Tiere konnten sich von Insekten ernähren. Bei Populationsabnahmen von bis zu 80% in den letzten Jahrzehnten kann aufgrund der elementaren Wichtigkeit der Insekten von einer ökologischen Verarmung der Natur gesprochen werden.

2) Abnahme der Anzahl der Arten. Die sinkende Zahl von Arten in einer Region führt zu einer Reduktion der Qualität des Biotops. Spezialisierte Pflanzen und Tiere sterben mit den Insekten aus, was die Resilienz des Ökosystems schwächt. Die elementar wichtige Biodiversität wird massiv beeinträchtigt.

Die Eingriffe der Menschheit waren in der Vergangenheit insgesamt gesehen nicht insektenfördernd. Mit der zunehmenden landwirtschaftlichen Flächennutzung, der steigenden Urbanisierung sowie der Rodung von Wäldern und den hohen Schwefel- und Stickstoffemissionen wurden die natürlichen Lebensräume der Insekten negativ beeinträchtigt oder sogar gänzlich vernichtet. Die durch den Klimawandel gestörte natürliche Synchronisierung zwischen Pflanzen, Insekten und anderen Tieren hat unweigerlich zu Ungleichgewichten und Verlusten geführt. Der Mensch wird sich weiter ausbreiten, was

lokal zu wachsenden Konzentrationen einzelner Arten und grossflächig zum Aussterben vieler Insekten führen wird (vgl. Abb. 40).

3.5 Ausblick

Insekten trotzen seit über 400 Millionen Jahren allen Umweltein-
flüssen. Sie haben grösste Naturkatastrophen überstanden, indem
sie sich den neuen Umweltbedingungen anpassten oder sich alternative Lebensräume suchten. Dabei profitierten sie von ihrer kurzen
Generationszeit und der Fähigkeit, sich mehrmals im Jahr zu repro-
duzieren. Wie die Insekten jedoch langfristig mit den anthropogenen
Einflüssen umgehen werden, ist kaum abzusehen.

Dabei zeigen die in diesem Kapitel gezeigten Zahlen noch nicht die
Folgen unseres gegenwärtigen Handelns. Die Insektenarten und
deren Bestände werden in Zukunft noch mehr als beschrieben
zurückgehen. In einer internationalen Studie konnte nachgewiesen
werden, dass das Artensterben erst mit einer Verzögerung, meistens
von einigen Jahren, eintritt. Der heutige Zustand ist also das Ergebnis unseres Handelns, das schon einige Jahre zurück liegt. Bedenkt
man, dass die anthropogenen Umweltschäden in den letzten Jahren
zugenommen haben, wird sich in Kürze ein noch schlechteres Bild
darstellen.[509]

Die einzelnen Insektenfamilien und -arten dürfen in der generellen
Analyse nicht isoliert betrachtet werden. Vielmehr gilt es Zusammenhänge zu berücksichtigen, z.B.:

- Insekten haben ein vielfältiges Wirkspektrum auf ihr Ökosystem.
- Bekannte Beziehungen zwischen Räuber und Beute gelten nicht
  immer.

Insekten können parasitär leben und sich von anderen Insekten
ernähren. Die gleichen Insekten können aber auch Pflanzen bestäuben. Die Larven von Schwebfliegen z.B. jagen Blattläuse. Gleichzeitig
bestäuben sie aber auch zahlreiche Pflanzen. Gehen die Schwebfliegen zurück, können sich die Blattläuse besser entwickeln. Ein

1850

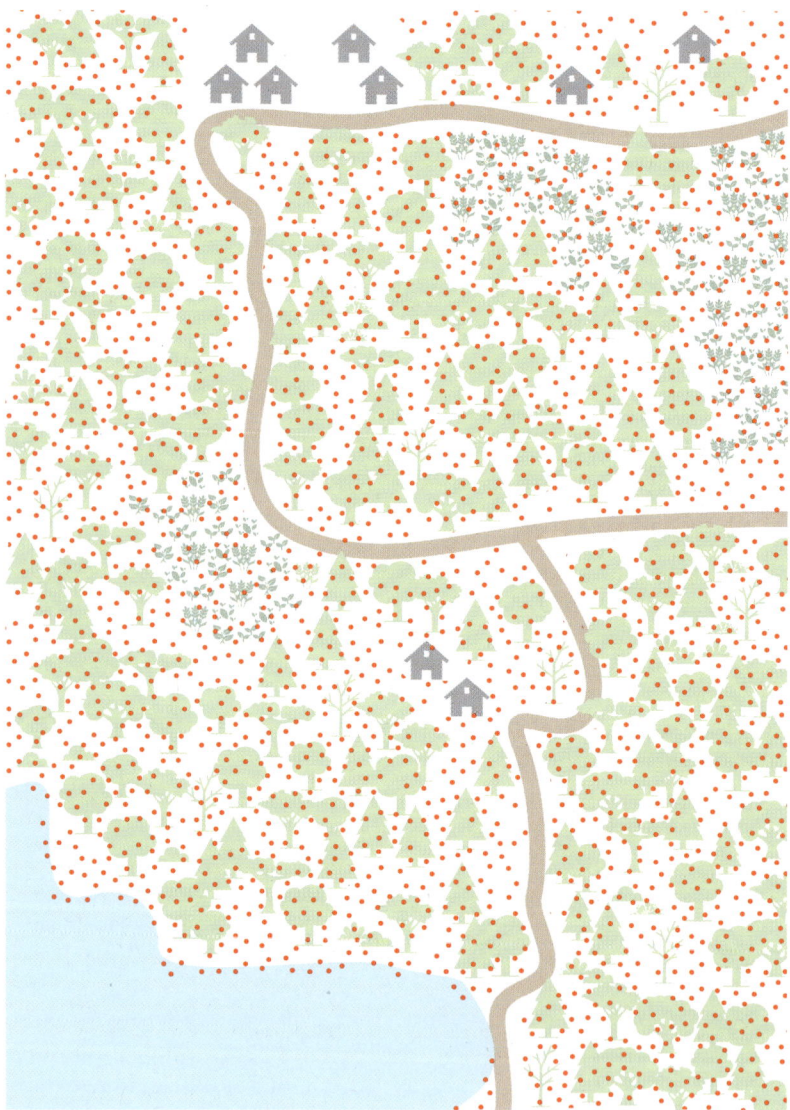

● Insekten

2050

Abb. 40: Die Ausbreitung von Insekten (rote Punkte) in verschiedenen Landschaftsstrukturen im Vergleich: 1850 und 2050. *(Bild: eigene Darstellung)*

Rückgang der Fliegen bedeutet aber aufgrund der fehlenden Bestäubungsleistung auch einen Rückgang der Pflanzen und damit der Nahrungsquelle für viele andere Insekten.

Wie sähe eine Welt ohne Insekten aus? Die Regale der Supermärkte wären weitgehend leergefegt (vgl. Abb. 41 a und b). Der bekannteste Insektenforscher der Welt Edward Wilson beschreibt die Auswirkungen folgendermassen:

«Die Bedeutung von Insekten und anderen landbewohnenden Arthropoden ist so gross, dass die Menschheit deren völliges Verschwinden wahrscheinlich nur um wenige Monate überleben würde. Ebenso abrupt wie die Menschen würden die meisten Amphibien, Reptilien, Vögel und Säugetiere aussterben. Als nächstes verschwände die Mehrzahl der Blütenpflanzen und mit ihnen die physische Struktur der meisten Wälder und weiterer terrestrischer Habitate der Erde. Die Oberfläche des Festlandes würde buchstäblich verfaulen. Sobald die abgestorbenen Pflanzen sich anhäuften und verdorrten – und somit die Nährstoffkreisläufe unterbrächen –, stürben die höherentwickelten Pflanzenformen und mit ihnen fast alle landbewohnenden Wirbeltiere aus. Die freilebenden Pilze würden nach einer sprunghaften Populationszunahme gewaltigen Ausmasses einen ebenso steilen Populationsschwund erfahren, und die meisten Arten gingen zugrunde. Die Landmasse würde annähernd auf die Stufe des frühen Paläozoikums zurückfallen: von Matten liegender, windbestäubter Pflanzen bedeckt, hier und da durch versprengte Gruppen kleiner Bäume und Sträucher aufgelockert und weitgehend bar jeden tierischen Lebens.»[510]

Abb. 41 a und b: Leere Regale im Supermarkt: 2018 zeigte ein deutscher Lebensmittel-
einzelhändler, wie wenig Angebot es ohne die Dienstleistungen von
Insekten gäbe.
(Bild: © PENNY Markt GmbH)

4 Fazit: Gehasst, bedroht und schützenswert

Die Leistungen von Insekten für unser Leben und unsere Ernährung, für die Wirtschaft und die Wissenschaft sind von unschätzbarem Wert. Ohne Insekten gäbe es viel weniger Tiere und Pflanzen. Wir Menschen würden nach kurzer Zeit aussterben. Der weltweite Rückgang ihrer Populationen ist deshalb auch für uns bedrohlich.

Andererseits richten Insekten aus menschlicher Sicht teils verheerende Schäden an und bilden eine Gefahr für Gesundheit und Besitz. Doch warum scheinen sich Insekten und Menschen nicht zu vertragen? Die Gründe dafür sind bei uns selbst zu suchen:

- Die Schäden entstehen, weil wir in die Natur eingreifen. Wir sind es, die Naturgebiete wie z.B. Wälder abholzen und Siedlungen bauen. Wohin sollen die Insekten fliegen und kriechen?

- Zur Plage werden vor allem gebietsfremde Insekten. Wir sind es, die sie importieren. Wichtiger als die Bekämpfung vor Ort ist die Belassung der Tiere in ihrer Heimat.

- Der Klimawandel fördert die Bewegung der Tiere über ihre bisherigen geographischen Grenzen hinweg. Deshalb sollten wir vor allem die Ursachen des Klimawandels angehen statt die Insekten zu bekämpfen und so weiteres Ungleichgewicht zu fördern.

- Eine vielfältige Natur ist für uns von grösstem Nutzen. Selbst die für den Menschen gefährlichen Tsetsefliegen und Tigermücken haben einen ökologischen Wert: Sie sind Teil der Nahrungskette und fördern die Biodiversität. Wenn wir sie grossflächig bekämpfen, verstärken wir das ökologische Ungleichgewicht, das weitere Kettenreaktionen verursacht. Entscheidend ist, exakt nur dort einzugreifen, wo es dringend notwendig ist.

Dort, wo Menschen und Insekten in Konflikt geraten, lohnt sich deshalb ein differenzierter Blick auf die Situation. Insgesamt sollte die Insektenbekämpfung reduziert werden. Wo sie unbedingt notwendig erscheint, sollte sie möglichst umweltverträglich und ohne Chemieeinsatz geschehen. Schliesslich ist für jeden Eingriff in die Natur, der mit Insektenverlust verbunden ist, ein Ausgleich zu schaffen – idealerweise durch eine Kompensationsfläche.[511] So lässt sich ein Zustand nahe am natürlichen Gleichgewicht herstellen und das Bewusstsein für den Wert von Insekten steigern.

Verzeichnis der Insekten und anderer Wirbelloser

Icerya purchasi	Australische Wollschildlaus	40
Ichneumonidae	Familie der Schlupfwespen	43
Isoptera	Termiten, staatenbildende, in warmen Erdregionen vorkommende Ordnung der Insekten	34, 190
Ixodiphagus hookeri	Art aus der Familie der Erzwespen	99
Ixodes dermacentor	Amerikanische Hund- oder Waldzecke	78
Ixodes pacificus	Westliche Schwarzbeinzecke	76
Ixodes persulcatus	Taiga Zecke	76
Ixodes ricinus	Gemeiner Holzbock	63, 76f, 84, 98, 194
Ixodes scapularis	Hirschzecke	66, 76
Kermes vermilio	Kermes-Schildlaus	50
Laccifer lacca	Lack-Schildlaus	50
Laelius pedatus	Plattwespenart	42, 187
Lampyridae	Familie der Leuchtkäfer	47
Lariophagus distinguendus	Lagererzwespe	42
Lasioglossum calceatum	Hymenoptera, Hautflügler: Gemeinen Furchenbiene	133
Lasioglossum majus	Hymenoptera, Hautflügler: Wildbiene	204
Lasius neglectus	Hymenoptera, Hautflügler: Ameisenart	129
Lepidoptera	Ordnung der Schmetterlinge	20, 34, 91
Lucilia caesar	Goldfliege	23
Lucilia sericata	Goldfliege	49
Lymantria dispar	Schwammspinner	44, 187
Megacyclops formosanus	Ruderfusskrebs	58, 191
Mesocyclops aspericornis	Ruderfusskrebs	58, 191
Metoecus paradoxus	Wespenfächerkäfer	53
Miscophus eatoni	Grabwespenart	110
Mononychellus tanajoa	Grüne Cassava-Milbe	86
Musca domestica	Stubenfliege	17, 34, 54, 99, 179, 190

Glossar

Abbaubarkeit, biologische
Fähigkeit organischer Chemikalien durch Mikroorganismen zerlegt, aus der Umwelt entfernt und dem mineralischen Stoffkreislauf wieder zugeführt zu werden; bei einem Wirkstoff ein wichtiger Teilaspekt im Hinblick auf seine Umweltverträglichkeit und dessen damit zusammenhängender Zulassung.

Abundanz
Populationsdichte bzw. Anzahl der Individuen einer Art, bezogen auf ihr Habitat.

adult
Erwachsen; Lebensphase eines Organismus nach Erreichung der Geschlechtsreife.

Anaphylaxie
Akute, allergische Reaktion des Immunsystems von Tieren und auf wiederholte Zufuhr körperfremder Eiweissstoffe.

Angiospermen
Bedecktsamige Pflanzen

anthropogen
Alles durch den Menschen verursachte, hergestellte, oder von ihm beeinflusste, wie z.B. vom Menschen verursachte Umweltprobleme.

Art
In der (biologischen) Systematik die unterste hierarchische Stufe, die nach der Gattung kommt; innerhalb der Gattung Adalia ist beispielsweise der Zweipunkt-Marienkäfer (Adalia bipunctata) eine Art.

Artenvielfalt
Mass für die Vielfalt an Tieren und Pflanzen innerhalb eines Lebensraums oder eines Gebiets; Teil für die Charakterisierung der Biodiversität eines Lebensraums oder Gebiets.

Arthropoden
Stamm der Gliederfüsser. Tiere wie Insekten, Krebstiere (z.B. Entenmuscheln, Krebse), Tausendfüsser, Spinnentiere (z.B. Milben, Skorpione).

autochthon
Einheimisch, indigen.

Autogamie
Selbstbestäubung; Übertragung des eigenen Pollens auf die eigene Narbe.

Bestäubung
Übertragung von Pollen auf die Narbe.

Biodiversität
Die Biologische Vielfalt beinhaltet drei Bereiche: die Vielfalt aller Arten (z.B. Pflanzen, Tiere, Pilze und Mikroorganismen), aller Ökosysteme (d.h. Lebensräume und die Wechselwirkungen der Arten mit ihrer Umwelt) sowie die genetische Vielfalt innerhalb von Arten. Biodiversität umfasst damit weit mehr als der Begriff der Artenvielfalt.

Biom
Grosslebensraum; das gesamte vorherrschende Ökosystem eines weitläufigen Gebiets der Erdoberfläche.

Biotop
Lebensraum einer Lebensgemeinschaft.

Biozid
Chemisch oder biologisch (nicht physikalisch) wirkende Wirkstoffe und Produkte ausserhalb des Agrarbereichs zur Abtötung oder Abschreckung von Schädlingen, Lästlingen, Algen, Pilzen oder Bakterien; dazu gehören u.a. Holzschutzmittel, Antifouling-Produkte, Konservierungs-, Desinfektions-, Insektenschutzmittel und Rattengifte.

Biozidgesetz
Gesetz von 2002 zur Umsetzung der Richtlinie 98/8EG (EU-Biozid-Richtlinie) von 1998; regelt u.a. das Zulassungsverfahren, die Kennzeichnung, Verpackung und Werbung von Bioziden.

Biozidverordnung (EU) (No. 528/2012)
Verordnung zur Inverkehrbringung und Verwendung von Biozidprodukten; ersetzt die Richtlinie 98/8EG; umfasst neu u.a. auch Nanomaterialien und mit Biozidprodukten behandelte Waren; formuliert neu u.a. Ausschlusskritierien für die Genehmigung von

Wirkstoffen; führt neu das Instrument der Substitution (Austausch von gefährlichen durch weniger bedenkliche Stoffe) und die damit verbundene vergleichende Bewertung von Biozidprodukten ein; sieht eine Vereinfachte Zulassung und eine Unionszulassung vor.

Biss
Vgl. Stich.

bivoltin
Zwei Generationen pro Jahr.

boreal
Nördlich. Dem nördlichen Klima Europas, Asien und Amerikas zugehörend.

Borreliose
Allgemeine Bezeichnung für unterschiedliche, durch Borrelia-Bakterien hervorgerufene Infektionskrankheiten beim Menschen und anderen Säugetieren; die Bakterienübertragung erfolgt vor allem durch Zecken.

Carbamate
Salze und Ester von Carbamidsäuren; häufig als Insektizide, Fungizide und Herbizide eingesetzt.

Chikungunyafieber
Eine durch den Chikungunya-Virus verursachte Infektionskrankheit in den Tropen, die u.a. Fieber und Gelenkbeschwerden auslöst; durch Stechmücken übertragen.

Cypermethrin
Chemische Verbindung, Insektizid und Tierarzneimittel aus der Gruppe der Pyrethroide; wirkt als Kontakt- bzw. Nervengift und Repellent.

Denguefieber
Durch den Dengue-Virus verursachte Infektionskrankheit in tropischen und subtropischen Gebieten, die u.a. Fieber, Ausschlag, Kopf-, Muskel- und Gliederschmerzen auslöst; durch Stechmücken übertragen.

Dichlordiphenyltrichlorethan (DDT)
Seit den 1970er Jahren in den westlichen Industrieländern verbo-

tenes bzw. in seiner Herstellung und Verwendung eingeschränktes Insektizid (Kontakt-, Frassgift).

endemisch
Das Auftreten von Pflanzen und Tieren in einer bestimmten, klar abgegrenzten Umgebung. Bei Krankheiten: Gehäuftes Auftreten in einer begrenzten Region oder Population.

Entomologe
Insektenforscher

Entomologie
Insektenkunde.

Entomologischer Verein
Gemeinnütziger, naturwissenschaftlicher Verein mit dem Zweck der Pflege und Förderung der Entomologie sowie Forschung in diesem Bereich; oftmals auch Herausgeber entsprechender Zeitschriften.

Entsorgung (Biozidprodukt)
Gemäss Biozidgesetz und -verordnung müssen Biozidprodukte in Einklang mit dem geltenden Abfallrecht der Union und der Mitgliedstaaten entsorgt werden; entsprechende Angaben müssen in erster Linie auf dem Sicherheitsdatenblatt vermerkt werden, aber auch auf der Verpackung, dem Etikett sowie in der Gebrauchsanweisung.

Epidemie
Örtliche und zeitliche Häufung einer Infektionskrankheit innerhalb einer Population von Menschen.

Eutrophierung
Überdüngung mit Nährstoffen.

Epizootie
Örtliche und zeitliche Häufung einer Infektionskrankheit innerhalb einer Population von Tieren.

Familie
In der biologischen Systematik eine hierarchische Stufe, die zwischen Ordnung und Gattung steht; innerhalb der Ordnung der Käfer (Coleoptera) sind beispielsweise Marien- (Coccinellidae), Rüssel- (Curculionidae) oder Laufkäfer (Carabidae) einzelne Familien.

Fischtoxizität (Biozid)
Durch bestimmte chemische Wirkstoffe oder deren Umwandlungsprodukte hervorgerufene Schadwirkungen in Gewässern und an
den dort vorkommenden Fischen; auf Sicherheitsdatenblättern und
Etiketten mit entsprechendem Gefahrensymbol („umweltgefährlich")
vermerkt.

Flächenversiegelung
Bedeckung des natürlichen Bodens durch Bauwerke (z.B. asphal-
tierte Strassen, betonierte Plätze), so dass kein Niederschlag mehr
eindringen kann und Bodenprozesse nicht mehr ablaufen können.

Fouling
Unerwünschte Ansiedlung von Organismen an technischen Oberflächen.

Fruchtknoten
In der Botanik Bezeichnung für den die Samenanlagen tragenden Teil
des Stempels; auch als Ovar bezeichnet.

Fungizide
Chemischer oder biologischer Wirkstoff gegen Pilze und deren
Sporen, der diese abtötet oder deren Wachstum für die Zeit seiner
Wirksamkeit verhindert.

Gattung
In der (biologischen) Systematik eine hierarchische Stufe, die
zwischen Familie und Art steht; innerhalb der Familie der Marienkäfer (Coccinellidae) ist beispielsweise Adalia eine Gattung.

Gefahrstoffe
Reinstoffe oder Stoffgemische, die ein chemisches Gefährdungspo-
tential aufweisen.

Gewässerschutz
Gesamtheit an Bestrebungen, sämtliche Gewässer vor Beeinträchtigung jeglicher Art zu schützen.

Gliederfüsser
Tierstamm, zu dem Tiere wie Insekten, Tausendfüsser, Krebs- und
Spinnentiere gehören; auch als Arthropoden bezeichnet.

Griffel
In der Botanik die Bezeichnung für die faden- oder säulenförmige Verbindung zwischen Narbe und Fruchtknoten; auch als Stylus bezeichnet.

Hämorrhagisches Fieber
Verursacht duch Virusinfektionen, schwere infektiöse Fiebererkrankung

Hemimetabolie
Entwicklungsform bei Insekten mit unvollkommener Metamorphose und damit Larvenstadien, die dem erwachsenen Tier bereits sehr ähnlich sind; Fehlen eines Puppenstadiums; z.B. bei Heuschrecken, Wanzen, Schaben.

herbivor
Kräuterfressend; bei Tieren: Tiere, die von pflanzlicher Nahrung leben.

Herbizide
Chemische Wirkstoffe, die störende Pflanzen selektiv oder total abtöten; auch als Unkrautbekämpfungsmittel bezeichnet.

Holometabolie
Entwicklungsform bei Insekten mit vollständiger Metamorphose und damit unterschiedlichen Larven-, Puppen- und Erwachsenenstadium; z.B. bei Käfern, Schmetterlingen, Hautflüglern.

Hormon
Körpereigene, von speziellen Zellen produzierte und abgegebene, biochemische, niedermolekulare Verbindung, die meist über das Blut zu den Zellen des Zielorgans transportiert wird und dort spezifische Wirkungen oder Regulationsfunktionen hervorruft; auch als Botenstoff bezeichnet.

Industrieverband Agrar (IVA)
Verein mit Sitz in Frankfurt, der die Interessen der agrochemischen Industrie vertritt; zu den Geschäftsfeldern der Mitgliedsunternehmen gehören Pflanzenschutz, Pflanzenernährung, Schädlingsbekämpfung und Biotechnologie; der Arbeitsschwerpunkt liegt auf der Informationsvermittlung zu Branchenthemen, insbesondere zur Bedeutung von Forschung und Innovation für eine moderne und nachhaltige Landwirtschaft.

Imago
Erwachsenes geschlechtsreifes Insekt (nach der Verpuppung oder der letzten Häutung)

Insect Respect
Das 2012 ins Leben gerufene, weltweit erste Gütesiegel für bekämpfungsneutralen Insektenschutz, das eine Kompensationsleistung für Innenraum-Biozide garantiert. Auf Basis eines wissenschaftlichen Modells wird der Schaden an der Intradomalfauna, vornehmlich Insekten, berechnet und mittels insektenfreundlichen Ausgleichsflächen, vornehmlich extensiven Flachdachbegrüngen mit diversen Strukturen, ausgeglichen. Das Gütesiegel ist eine Initiative der international tätigen Biozidfirma Reckhaus.

Insekten
Insekten sind die artenreichste Klasse der Tiere und gehören zum Stamm der Gliederfüsser (*Arthropoda*). Zum Stamm der Gliederfüsser zählen daneben Krebse, Spinnentiere, Asselspinnen, Hundertfüsser sowie weniger bekannte andere Klassen. Mit knapp einer Million beschriebener Arten repräsentieren Insekten 60 Prozent aller beschriebenen Tierarten insgesamt. Im Deutschen nennt man sie auch Kerbtiere, wegen ihrer verschiedenen voneinander abgesetzten Körperteile: Kopf, Brust mit drei Beinpaaren, Hinterleib, Chitin-Panzer. Sie unterscheiden sich damit von der Klasse der Spinnentiere, die immer vier Beinpaare am Vorderteil tragen. Zu den bekanntesten Insektenordnungen gehören Hautflügler (z.B. Ameisen, Bienen, Wespen), Heuschrecken, Käfer, Libellen, Netzflügler, Ohrwürmer, Pflanzenläuse, Schaben, Schmetterlinge, Wanzen, Zikaden und Zweiflügler (z.B. Hausfliege). Die meisten Insekten sind ein bis 20 Millimeter gross. Wegen ihrer Vielfalt besetzen sie heute fast jede ökologische Nische.

Insektenbestimmung
Identifizierung und Namensgebung eines Insekts mit Hilfe von Bestimmungsliteratur, Fotos oder Vergleichssammlung; setzt besondere Kenntnisse des Körperbaus und der Biologie von Insekten voraus; kann häufig nur von Spezialisten durchgeführt werden.

insektivor
Insektenfressend; bei Tieren: Tiere, die von Insekten als Nahrung leben

Insektenrückgang

Abnahme der Quantität und der Gesamtartenzahl an Insekten; weltweites Phänomen; Ursachen und Ausmass sind Gegenstand derzeitiger Forschung; vermutet werden u.a. Vergiftungen und Folgeschäden durch Pestizide, Überdüngung, Flächenverbrauch, Landnutzungswandel und Klimawandel; hat weitreichende Folgen, der u.a. auch die Artenzahl und Populationsgrössen von insektenfressenden Tieren, die Lebensmittelproduktion und die Welternährung betreffen.

Insektenschlag

Tödliche Kollision von Insekten an festen Oberflächen; meist hervorgerufen durch schnell fahrende Fahrzeuge oder sich schnell drehende Objekte (z.B. Windkraftanlagen).

Insektenschutz

Befasst sich mit Mitteln und Massnahmen, die dazu dienen, für den Menschen als schädlich oder lästig erachtete Insekten zu vertreiben oder zu töten.

Insektenschutzmittel

Mittel und Massnahmen zum Abwehren, Vertreiben oder Töten von für den Menschen als schädlich oder lästig erachtete Insekten; reichen von physikalischen (z.B. Fliegengitter, Schutzkleidung, Fliegenklatsche, Staubsauger, Klebefallen, UV-Lampen), über repellent wirkenden (z.B. ätherische Öle), bis hin zu insektiziden Produkten (z.B. Sprays, Frassköder, Spritzmittel).

Insektenzucht

Künstliche Vermehrung von Insekten; meist im Zusammenhang mit Futtertieren, Bestäubung, biologischer Schädlingsbekämpfung, Seidenfasern und menschlicher Ernährung.

Insektizid

Pestizid zur Abtötung, Vertreibung oder Hemmung von Insekten und deren Entwicklungsstadien; auch als Insektenvertilgungs- oder Insektenvernichtungsmittel bezeichnet; häufig in der Land-, Forstwirtschaft, zum Vorrats- und Materialschutz sowie im Hygienebereich verwendet.

Intradomalfauna

Sammelbegriff für Tiere, die in Gebäuden dauerhaft leben können.

Klasse

In der (biologischen) Systematik eine hierarchische Stufe, die zwischen Stamm und Ordnung steht; innerhalb des Stammes der Gliederfüsser (Arthropoda) sind z.B. Insekten (Insecta) oder Krebstiere (Crustacea) einzelne Klassen.

Klimawandel (Insekten)

In den letzten drei Jahrzehnten ist ein verstärkter Zustrom von wärmeliebenden Insekten zu beobachten; häufig stammen diese Zuwanderer aus dem westlichen und östlichen Mittelmeerraum; bei anderen wärmeliebenden Arten, die schon früher vereinzelt oder zeitweise vorkamen, sind eine Zunahme an Funden und eine Arealausweitung zu verzeichnen. Viele Insektenarten erscheinen zudem früher im Jahr. Fachleute vermuten, dass diese Phänomene im Zusammenhang mit dem Klimawandel stehen. Problematisch ist diese Entwicklung v.a. für spezialisierte und wenig mobile Insektenarten, wenn sich beispielsweise deren Lebensräume aufgrund der Erwärmung stark verändern oder deren Verbreitungsgebiete und Futterpflanzen nicht mehr überlappen Milde Winter können dazu beitragen, dass es bei gewissen Schadinsekten zu Massenauftreten kommt; auch krankheitsübertragende Insekten aus den Tropen dürften sich weiter Richtung Norden ausbreiten; schliesslich hat das Verschwinden bestimmter Insektenarten Konsequenzen für die Bestäubung von Pflanzen und die Nahrung zahlreicher anderer Tierarten.

Kokon

Ein aus fädigen Drüsensekreten hergestellter Behälter, mit dem bestimmte Insekten und Spinnen ihre Eier umhüllen oder sich selbst zur Verpuppung einspinnen.

Kompensation

Ausgleich.

koprophag

Kot verzehrend.

Larve

In der Zoologie Bezeichnung für das frühe Entwicklungsstadium eines Tieres zwischen Ei und Erwachsenenstadium; unterscheidet sich im Hinblick auf die Gestalt und Lebensweise vom ausgewachsenen (adulten) Tier; bekannteste Tiergruppe mit Larvenstadium sind Insekten (z.B. Schmetterlingsraupe) und Amphibien (z.B. Kaulquappe).

Lästling
Bezeichnung für ein Tier, das kein Schädling im eigentlichen Sinne ist, dessen Anwesenheit jedoch als störend, erschreckend oder ekelerregend empfunden wird.

Letale Dosis (LD)
In der Toxikologie diejenige Dosis eines bestimmten Wirkstoffes oder einer bestimmten Strahlung, die für ein bestimmtes Lebewesen tödlich (letal) wirkt; als LD50 wird diejenige Wirkstoffdosis bezeichnet, bei der 50 % der Versuchsorganismen innerhalb eines bestimmten Zeitraums sterben.

Letalität
Die Sterblichkeit bei einer Krankheit, d.h. das Verhältnis der Todesfälle zur Anzahl der Erkrankten.

Listung (biozider Wirkstoffe)
Aufnahme genehmigter Wirkstoffe in die Unionsliste genehmigter Wirkstoffe; früher Anhang I der Richtlinie 98/8EG.

Made
Landläufige Bezeichnung für das Larvenstadium bestimmter Insekten; z.B. für Fliegenlarven.

Malaria
Häufigste Tropenkrankheit, die von einzelligen Parasiten der Gattung Plasmodium verursacht wird; hauptsächlich von Stechmücken der Gattung Anopheles übertragen; auch als Sumpf- oder Wechselfieber bezeichnet.

Mangrove
Das Ökosystem Mangrove wird von Wäldern salztoleranter Mangrovenbäume im Gezeitenbereich tropischer Küsten mit Wassertemperaturen über 20 Grad gebildet.

Materialschädling
Organismus, der sich von Materialien pflanzlicher oder tierischer Herkunft ernährt und dieses dadurch schädigt oder zerstört (z.B. Kleidermotte, Speck-, Pelzkäfer).

Metamorphose
In der Zoologie die Umwandlung der Larvenform zum erwachsenen (adulten), geschlechtsreifen Tier; bei Insekten Unterscheidung zwischen unvollkommener (hemimetaboler) und vollkommener (holometaboler) Metamorphose.

Mikrozephalie
Entwicklungsbesonderheit des menschlichen Kopfes, die mit einer vergleichsweise geringeren Kopfgrösse und mit einer geistigen Behinderung als Folge einhergeht; u.a. ausgelöst durch Infektion während der Schwangerschaft mit Röteln oder dem Zika-Virus, durch Chromosomenbesonderheiten oder Alkoholkonsum der schwangeren Mutter.

Molluskizid
Chemischer Wirkstoff, der Weichtiere wie z.B. Schnecken (Mollusken) tötet; z.B. Schneckenkorn.

monophag
Als monophag werden Tiere bezeichnet, die sich in der Regel ausschliesslich von nur einer Art Nahrungsquelle ernähren, z.B. von nur einer Pflanzenart.

Monitorprodukt
Produkt zur Befallsermittlung eines Schädlings auf physikalisch-mechanischer Basis; zählt gemäss Biozidverordnung deshalb nicht zu den Bioziden, obwohl das Produkt den Schadorganismus auch töten kann; z.B. gelb gefärbte Klebefallen.

Nachhaltigkeit
Erhalt und langfristige Wirkung eines ökologischen, ökonomischen oder sozialen Systems; im Hinblick auf das Wohl zukünftiger Generationen soll dieses nicht über seine Produktionskapazität hinaus beansprucht werden bzw. nicht ausgebeutet werden.

Nahrung von Insekten
Insekten ernähren sich von pflanzlichen und tierischen Stoffen; das Nahrungsspektrum ist dabei so weit gefasst, dass es kaum einen organischen Stoff gibt, der von Insekten nicht als Nahrungsquelle genutzt wird. Zu den pflanzenfressenden (phytophagen) Insekten gehören z.B. Tagfalter wie der Kleine Fuchs, holzfressende (xylophage) Käfer wie der Hirschkäfer oder auch dungfressende (koprophage) Fliegen und Mücken; zu den fleischfressenden (zoophagen) Insekten gehören

z.B. räuberische Arten wie Libellen, Parasiten wie die Bettwanze oder aasfressende (necrophage) Insekten wie die Familie der Speckkäfer. Viele Insektenarten sind sehr flexibel in ihrer Ernährung und haben als Larve eine andere Nahrungsquelle als die adulten Tiere; letztere nehmen häufig gar keine Nahrung mehr zu sich.

Nahrungskette, -netz
Abfolge von einzelnen Lebewesen, die in Bezug auf ihre Ernährung voneinander abhängig sind: z.B. werden Kohlblätter von der Raupe des Grossen Kohlweisslings gefressen; diese wird von einer Blaumeise verspeist, die hinwiederum dann von einer Katze gefressen wird; eine Nahrungskette ist jedoch meist ein komplexes Netzwerk von verschiedenen Nahrungsbeziehungen, in das verschiedene Tiere und Pflanzen verwickelt sind; man spricht dann von einem Nahrungsnetz.

Narbe
In der Botanik die Bezeichnung für den oberen Teil des Stempels einer Blütenpflanze; dient der Aufnahme des Pollens; auch als Stigma bezeichnet.

nekrophag
Nekrophage Insekten sind solche, die sich von totem Fleisch ernähren.

Nozizeptoren
Freie, sensorische Nervenendigung, die eine Gewebeschädigung (z.B. Verletzung) in ein elektrisches Signal umwandelt und dieses damit an das Zentralnervensystem weitergleitet werden kann.

Nutzen von Insekten
Aufgrund ihrer evolutiven Entwicklungsgeschichte, ihrer damit verbundenen engen Beziehung zu Pflanzen und anderen Tieren, ihres Artenreichtums und ihrer Anpassungsfähigkeit sind Insekten für das Leben auf der Erde unverzichtbar geworden; so sind sie zentrale Elemente der Nahrungsnetze, sichern durch ihre enorme Bestäubungsleistung das Fortbestehen von Pflanzen und damit die Ernährung von Mensch und Tier; zudem zersetzen sie organische Substanzen wie z.B. Dung oder Laub und tragen so zur Humusbildung und zur Bodenfruchtbarkeit bei; ebenfalls produzieren sie für den Menschen wichtige Produkte wie z.B. Seide oder Schellack und werden für medizinische Zwecke eingesetzt.

Nützling
Bezeichnung für Organismen, die als natürliche Gegenspieler Schädlingen entgegen wirken, indem sie diese dezimieren oder deren weitere Vermehrung verhindern; spielen in gärtnerischen, land- und forstwirtschaftlichen sowie in weinbaulichen Kulturen eine zentrale Rolle; sind ein fester Bestandteil des integrierten Pflanzenschutzes, werden gezielt gezüchtet und freigelassen; z.b. Marienkäfer, Florfliegen, Schlupfwespen.

Ordnung
In der (biologischen) Systematik eine hierarchische Stufe, die zwischen Klasse und Familie steht; innerhalb des Klasse der Insekten sind beispielsweise Käfer (Coleoptera), Heuschrecken (Orthoptera) oder Schaben (Blattodea) einzelne Ordnungen.

phänologisch
Biologische Prozesse betreffend, die von regelmässigen natürlichen Entwicklungserscheinungen beeinflusst sind, z.B. Jahreszeiten.

Parasit
Organismus, der von einem anderen, grösseren Lebewesen (Wirt) Ressourcen (z.B. Körperflüssigkeiten wie Blut) abzieht und ihn dadurch schädigt.

Permethrin
Chemische Verbindung, Insekt- und Akarizid aus der Gruppe der Pyrethroide; wirkt als Kontakt-, Frassgift und Repellent.

Pestizide
Chemische Wirkstoffe, die lästige oder schädliche Lebewesen töten, vertreiben oder deren Keimung, Wachstum oder Vermehrung hemmen; auch als Schädlingsbekämpfungsmittel bezeichnet.

Pflanzenschutzmarkt
(Welt)Markt für Pflanzenschutzmittel, der 2015 bei 51,2 Milliarden Dollar lag; Anteile betrugen für die USA, Kanada und Mexiko 18,3 %, Lateinamerika 27,4 %, Europa 22,7 %, Asien 27,4 % und 4,2 % für die übrigen Regionen; der deutsche Pflanzenschutzmarkt verzeichnete 2015 einen Herbizidumsatz von 636 Millionen Euro, einen Fungizidumsatz von 711 Millionen Euro und einen Insektizidumsatz von 134 Millionen Euro; bei den sonstigen Pflanzenschutzmitteln wie z.B. Wachstumsregulatoren, Rodentizide oder Molluskizide lag der Umsatz

bei 111 Millionen Euro; bei den Pflanzenschutzmitteln für Haus und Garten lag der Umsatz 2015 in Deutschland bei 65,7 Millionen Euro.

Pflanzenschutzmittel (PSM)
Chemische oder biologische Wirkstoffe und deren Gemische, die dazu bestimmt sind Pflanzen und Pflanzenerzeugnisse vor Schadorganismen zu schützen oder deren Einwirkung vorzubeugen; werden auch eingesetzt, um unerwünschte Pflanzen oder Pflanzenteile zu vernichten, das unerwünschte Wachstum von Pflanzen zu hemmen oder ein solches Wachstum vorzubeugen.

phänologisch
Biologische Prozesse betreffend, die von regelmässigen, periodisch wiederkehrenden und natürlichen Entwicklungserscheinungen beeinflusst sind; z.B. Abfolge der Jahreszeiten.

Pharmakologie
Wissenschaft der Wechselwirkung zwischen Organismen und Stoffen; auch als Arzneimittellehre bezeichnet.

Pheromon
Botenstoff zur Kommunikation zwischen Individuen derselben Art, z.B. Sexualpheromone zum Anlocken von Geschlechtspartnern oder Aggregationspheromone, mit dem Borkenkäfer sich versammeln, um eine Pflanze zu befallen.

Phosphorverbindungen
Verbindungen mit dem chemischen Element Phosphor (P); für den Aufbau und die Funktion alle Organismen in zentralen Bereichen elementar; wichtige Insektizide und Pflanzenschutzmittel.

phytophag
Pflanzenfresser im Tierreich. Bei grossen Tieren spricht man von Herbivoren, bei kleinen Tieren von Phytophagen.

Piperonylbutoxid (PBO)
Chemischer Wirkstoff, der als sogenannter Synergist die insektizide Wirkung von Pyrethroiden verstärkt, ohne selber eine insektizide Wirkung zu haben.

Plage
Oft im Zusammenhang mit einem Schädlingsbefall oder einer Epide-

mie verwendet; auch alt- und neutestamentliches Motiv (z.B. Zehn Plagen).

Pollen
Staubähnliche Körner, die die männlichen Geschlechtszellen einer Blüte enthalten; auch als Blütenstaub bezeichnet.

Pollinien
Behälter, in dem sämtliche Pollen einer Pflanze gelagert sind

Population
In der Biologie die Bezeichnung für eine Gruppe von Tieren oder Pflanzen der gleichen Art, die zur gleichen Zeit am selben Ort leben und sich untereinander fortpflanzen können.

Prädator
Räuber; fleischfressende Lebewesen.

Prävention
Massnahme zur Abwendung unerwünschter Ereignisse oder Zustände; auch als Vorbeugung bezeichnet.

Puppe
In der Entomologie die Bezeichnung für das meist fast oder völlig bewegungslose Übergangsstadium zwischen Larve und adultem Insekt.

Push-Pull-Technologie
Integrierte, umweltfreundliche, nachhaltige und biologische Schädlingsbekämpfung im Pflanzenanbau, bei der zwischen die Kulturpflanzen andere Pflanzen angebaut werden, die aufgrund ihrer speziellen Eigenschaften (z.B. Geruch) Schädlinge vertreiben (Push); um das Feld werden Pflanzen angebaut, die aufgrund ihrer speziellen Eigenschaften Schädlinge aus den Kulturpflanzen locken (Pull) und u.U. sogar dezimieren; gleichzeitig verbessern diese Pflanzen die Bodenfruchtbarkeit und -feuchtigkeit, dezimieren Unkraut, tragen zum Erosionsschutz bei und dienen als Zusatzfutter für das Vieh; Methode wurde am Internationalen Insektenforschungsinstitut icipe in Nairobi entwickelt.

Pyrethroide
Synthetische Insektizide mit ähnlicher chemischer Struktur wie

(Natur)-Pyrethrum und nach diesem benannt.

Pyrethrum
Natürliches Insektizid, das aus den Blüten der Pflanzengattung der Wucherblumen (Tanacetum; Korbblütler (Asteraceae)) gewonnen wird; Hauptwirkstoffe sind Pyrethrine, Cinerine und Jasmoline.

Reich
In der (biologischen) Systematik eine hierarchische Stufe, zu der beispielsweise Pflanzen, Tiere und Pilze gehören.

Repellent
Bezeichnung für einen künstlichen oder natürlichen Wirkstoff, der durch seinen Geruch spezifische Organismen abschreckt, ohne diese jedoch zu töten.

Resilienz
Widerstandsfähigkeit eines Systems gegen Störungen bzw. Veränderungen.

Resistenz
Genetisch begründete oder erworbene Widerstandsfähigkeit eines Organismus gegen schädliche Umwelteinflüsse (z.B. Krankheiten, Parasiten, Klima); bei Schädlingen auch gegen Bekämpfungsmittel, bei Bakterien und Viren auch gegen Medikamente.

Richtlinie 98/8EG
Richtlinie über das Inverkehrbringen von Biozid-Produkten (EU-Biozid-Richtlinie); betrifft u.a. die Bewertung, die Zulassung, das Inverkehrbringen, die Anerkennung von Zulassungen und die Positivliste von Wirkstoffen.

Rodentizide
Chemische Wirkstoffe in Frassködern oder Gasen zur Bekämpfung von Nagetieren.

Rote Liste
Innerhalb des Naturschutzes ein Instrument zur Dokumentation der Gefährdung und des Aussterbens von Tier- und Pflanzenarten, Artengemeinschaften und Lebensräumen mit Bezug zu einem bestimmten Raum oder Gebiet.

Schäden (Insekten)
Durch ihre spezielle Lebensweise verursachen Insekten Schäden an Pflanzen, pflanzlichem oder tierischem Material und beeinträchtigen andere Lebewesen mit entsprechenden Folgeschäden (z.B. Krankheitsübertragung, reduzierte Milchleistung beim Vieh); meist im Zusammenhang mit der Nahrungsaufnahme der Larve, seltener auch als adulte Tiere.

Schädling
Organismus, der dem Menschen aufgrund seiner Lebensweise Schaden zufügt (z.B. Beeinträchtigung und Zerstörung von Pflanzen, Objekten, Material, Nahrungsmitteln); meist im Zusammenhang mit Insekten verwendet.

Schädlingsbekämpfer
Beruf oder Ausbildung, bei dem Schädlinge identifiziert, deren Befall analysiert und entsprechende Massnahmen zu deren Bekämpfung eingeleitet werden; oft auch mit beratender Funktion verbunden; in Deutschland eine dreijähriger Ausbildung; umgangssprachlich auch als Kammerjäger bezeichnet.

Schädlingsbekämpfung, allgemein
Chemische, physikalische, mechanische, biologische oder biotechnische Massnahmen zur Bekämpfung von Pflanzen, Tieren und Mikroorganismen, welche vom Menschen als schädlich angesehen werden.

Schädlingsbekämpfung, biologische
Gezieltes Freisetzen von Organismen oder Viren, um für den Menschen als schädlich erachtete Tiere oder Pflanzen zu dezimieren; häufig werden dazu Räuber, Schmarotzer oder Krankheitserreger verwendet; z.B. Katzen, Marienkäfer, Schlupfwespen, Nematoden, Bacillus thuringiensis.

Schädlingsbekämpfung, biotechnische
Gezielter Einsatz biotechnischer Methoden, um für den Menschen als schädlich erachtete Tiere, Pflanzen oder Mikroorganismen zu dezimieren; dabei wird die Reaktion der Schadorganismen auf physikalische oder chemische Schlüsselreize ausgenutzt; dazu zählen z.B. UV-Lichtfallen, Pheromone (z.B. Sexuallockstoffe), Hormone (z.B. Wachstums-, Häutungshormone), Veränderung des Erbguts (z.B. durch Züchtung, Bestrahlung).

Schädlingsbekämpfung, chemische

Gezielter Einsatz chemischer, toxisch wirkender Wirkstoffe, um für den Menschen als schädlich erachtete Tiere, Pflanzen oder Mikroorganismen zu dezimieren; meist werden dabei Pestizide, Insektizide, Rodentizide, Molluskizide, Fungizide oder Herbizide eingesetzt.

Schädlingsbekämpfung, integrierte (Integrated Pest Management (IPM))

Ganzheitliches Bekämpfungskonzept mit der Kombination von verschiedenen Massnahmen, um einen Schädlingsbefall vorherzusehen, zu vermeiden und nur dort, wo es unbedingt erforderlich ist, gezielt und auf ein bestimmtes Mass beschränkt, angemessen zu bekämpfen.

Schädlingsbekämpfung, mechanische

Gezielter Einsatz mechanischer Methoden, um für den Menschen als schädlich erachtete Tiere und Pflanzen zu dezimieren; dazu zählen u.a. das Abfangen (z.B. Absammeln, Leimfallen), das Abwehren (z.B. Fliegengitter, Zäune) und das Abschrecken (z.B. Vogelscheuche).

Schädlingsbekämpfung, bekämpfungsneutrale

Gezielte Durchführung von Massnahmen, mit denen für den Eingriff in die Schadorganismenpopulation ein Ausgleich geschaffen wird; dazu zählen z.B. Schaffung von (Ersatz)Lebensräumen, gezielte Zucht und Freisetzung von Tieren.

Schädlingsbekämpfung, physikalische

Gezielter Einsatz physikalischer Methoden, um für den Menschen als schädlich erachtete Tiere, Pflanzen oder Mikroorganismen zu dezimieren; dazu zählen z.B. Kälte, Hitze, Strahlung, Dämpfen oder akustische Signale.

Schmerzempfinden (Insekten)

Da Insekten nicht über Nozizeptoren verfügen wird angenommen, dass kein Schmerz empfunden werden kann; bei Drosophila melanogaster wird jedoch vermutet, dass diese ein Gen besitzt, das mit der Schmerzwahrnehmung in Verbindung steht; Insekten weichen dazu gewissen Reizen (z.B. Hitze, Elektroschocks, chemische Wirkstoffe) aus, die ihnen Schaden könnten; Thematik wird kontrovers diskutiert.

Schwarm

Ansammlung oder Verband von Lebewesen, die sich gleichzeitig gemeinsam fortbewegen; meist im Zusammenhang mit Insekten, Fischen oder Vögeln.

Seide
Tierische Faser, die aus dem Kokon des Seidenspinners (Bombyx mori) gewonnen wird.

Sexuallockstoff
Chemische Boten- bzw. Duftstoffe (Pheromone) zur Anlockung oder sexuellen Erregung eines Geschlechtspartners.

Sicherheitsdatenblatt (SDB)
Instrument zur Vermittlung sicherheitsbezogener Informationen über einen chemischen Wirkstoff und dessen Gemische; fasst alle Informationen und Massnahmen zusammen, die im Zusammenhang mit Gesundheits-, Umweltschutz und Sicherheit am Arbeitsplatz stehen.

solitär
Tiere, die einzeln leben, im Gegensatz zu geselligen Lebewesen (gregär).

Stamm
In der (biologischen) Systematik eine hierarchische Stufe, die zwischen Reich und Klasse steht; innerhalb des Reichs der (vielzelligen) Tiere sind beispielsweise Gliederfüsser (Arthropoda) ein Stamm.

Stempel
In der Botanik die Bezeichnung für die Narbe, den Griffel und den Fruchtknoten tragenden Teil einer Blüte; auch als Pistill bezeichnet.

Stich
In der Zoologie eine Abwehrhandlung zur Verteidigung eines mit einem Giftstachel bewehrten Insekts, meist von Hautflüglern wie Bienen, Wespen und Ameisen eingesetzt; mit Hilfe eines Stachels am Hinterleib wird ein giftiges Sekret unter die Haut des potentiellen Feindes injiziert; innerhalb der blutsaugenden Insekten spricht man bei Mücken, Fliegen und Wanzen ebenfalls von einem Stich, obwohl hier mit einem Stechrüssel (Mundwerkzeug) die Haut eines potentiellen Wirtes durchstochen wird; bei Flöhen, Läusen und Zecken wird hingegen meist von einem Biss gesprochen.

Synergist
In der Zoologie ein Organismus, der mit einem anderen in seinen Lebensfunktionen zusammenarbeitet, wobei beide einander nützen; in der Pharmakologie auch Bezeichnung für Wirkstoffe, die sich in ihrer Wirkung gegenseitig verstärken.

Systematik
Fachgebiet der Biologie, das sich mit der Einteilung (Taxonomie), der Benennung (Nomenklatur) und der Bestimmung von Lebewesen beschäftigt; umfasst auch die Rekonstruktion der Stammesgeschichte der Organismen (Phylogenie) und die Erforschung der Prozesse, die zur Vielfalt von Organismen führt (Evolutionsbiologie).

Tetramethrin
Chemische Verbindung und Insektizid aus der Gruppe der Pyrethroide; wirkt als Kontakt- bzw. Nervengift.

Tigermücke, asiatische (Aedes albopictus)
Stechmückenart, die ursprünglich in den süd- und südostasiatischen Tropen und Subtropen vorkommt, in den letzten Jahrzehnten jedoch weltweit verschleppt wurde; Krankheitsüberträger von Chikungunya- und Denguefieber sowie dem Zika-Virus.

Transfluthrin
Chemische Verbindung und Insektizid aus der Gruppe der Pyrethroide mit breitem Wirkungsspektrum; wirkt als Kontakt- bzw. Nervengift und Repellent.

trivoltin
Drei Generationen pro Jahr.

Trophieebene
Stellung eines Lebewesens in der Nahrungskette.

trophisch
Die Ernährung betreffend.

Tollwut
Eine durch Viren ausgelöste Infektionskrankheit bei Mensch und Tier, die eine fast immer tödliche Gehirnentzündung verursacht; meist durch Hunde oder Fledermäuse übertragen.

Toxikologie
Lehre von Giftstoffen, durch diese hervorgerufene Vergiftungen und deren Behandlung; Teilbereich der Pharmakologie.

Überwinterung
Überdauerung von jahreszeitlich bedingten tiefen Temperaturen von Tieren und Pflanzen durch entsprechende Anpassungsmechanismen, meist in Form von speziellen physiologischen Zuständen; zahlreiche Tiere entgehen ungünstigen klimatischen Verhältnissen auch durch Wanderung.

Umweltgefährlichkeit
Chemische Stoffe, deren Gemische oder Strahlung, die selbst oder deren Umwandlungsprodukte den Naturhaushalt dermassen beeinträchtigen, dass dadurch Gefahren für die Umwelt (u.a. Wasser, Boden, Luft, Klima, Tiere, Pflanzen, Mikroorganismen) entstehen; muss auf Produkten und Material mit entsprechender Information (u.a. mit Symbolen) gekennzeichnet werden.

Ungeziefer
Unerwünschte kleinere Tiere, die für den Menschen als schädlich, lästig oder als ekelerregend empfunden werden; oft im Zusammenhang mit Arthropoden, Nagetieren, Schädlingen, Lästlingen oder Krankheitsüberträgern verwendet.

Unionsliste (biozider Wirkstoffe)
Liste der von der Europäischen Kommission genehmigten Wirkstoffe, die in Biozidprodukten und behandelten Erzeugnissen verwendet werden dürfen.

Unionszulassung (Biozidprodukte)
Gesetzlich vorgeschriebenes Verfahren vor Inverkehrbringen eines Biozidprodukts in der gesamten EU und in nur einem Schritt, also ohne dass eine nationale Zulassung erwirkt werden muss.

univoltin
Eine Generation pro Jahr.

vector-borne diseases
In der Biologie und Medizin ist ein Vektor ein Krankheitsüberträger. Er transportiert einen Erreger vom Wirt auf einen anderen Organismus, ohne selbst zu erkranken. Zu den durch solche Vektoren ausgelösten („borne") Krankheiten („diseases") gehören z.B. die durch verschiedene Tigermücken übertragenen Dengue-, Chikungunja-, West Nil- und Gelbfieber.

Vektor
In der Biologie und Medizin ein Überträger von Krankheitserregern, die Infektionen auslösen, z.B. Stechmücke, Zecke, Floh.

Verpuppung
Entwicklungsphase innerhalb der holometabolen Metamorphose, während der sich eine Insektenlarve nach ihrer letzten Häutung in eine Puppe verwandelt.

Vibrationsbestäubung
Bestäubung durch Frequenzen, die durch den Flügelschlag von Hummeln erzeugt werden

Virus
Kleiner, infektiöser Partikel, der zur Vermehrung auf Zellen von anderen Organismen angewiesen ist.

Vorratsschädling
Organismus, der an eingelagerten Nahrungsmitteln schmarotzt, diese verschmutzt, kontaminiert und so ungeniessbar macht oder ganz vernichtet; z.B. Ratten, Mäuse, Lebensmittelmotten, Getreideplattkäfer.

Wirkstoff
Substanz, welche in einem Organismus eine spezifische Wirkung mit spezifischer Reaktion hervorruft; wirksamer Bestandteil z.B. von Bioziden, Pestiziden, Herbiziden, Fungiziden und Repellents.

Wirt
In der Biologie ein Organismus, der von einem Parasit befallen ist und diesen mit eigenen Ressourcen versorgt.

Xenogamie
Die Fremdbestäubung kann durch Wasser, Wind und Tiere erfolgen.

Zika-Virus (ZIKV)
Zur Gattung Flavivirus gehörender, in Afrika und Südostasien endemischer Virus, der 1947 erstmals in einer Forschungsstation im Zika-Forest (Uganda) isoliert und nach diesem benannt wurde; verursacht Zika-Fieber und schwere Missbildungen beim Embryo (Mikrozephalie); Übertragung durch Stechmücken, durch sexuellen Kontakt und von Mutter zu eigenem Kind.

Zoonose
Zoonosen sind Infektionskrankheiten, die sich von Tier zu Mensch oder von Mensch zu Tier übertragen. So wird z.B. das sogenannte Q-Fieber vor allem durch Schafe auf den Menschen übertragen.

Zulassung, allgemein (Biozidprodukt)
Gesetzlich vorgeschriebenes, zweistufiges Verfahren vor Inverkehrbringen eines jeden Biozidprodukts; erste Stufe: Wirkstoff-Genehmigung mit Prüfung aller enthaltenen Wirkstoffe (Listung innerhalb Unionsliste aller genehmigter Wirkstoffe); zweite Stufe: verschiedene alternative Zulassungsverfahren, abhängig vom jeweiligen Produkt und im europäischen Raum auch abhängig von der Anzahl Länder, in denen das Produkt vertrieben werden soll; Unterscheidung in Nationale Zulassung, Unionszulassung, Vereinfachte Zulassung, jeweils mit Möglichkeit der Verlängerung und gegenseitiger Anerkennung innerhalb der beteiligten Länder.

Zulassung, Nationale (Biozidprodukt)
Gesetzlich vorgeschriebenes Verfahren vor Inverkehrbringen eines Biozidprodukts in einem einzigen EU-Mitgliedstaat; soll das Produkt in mehreren Länder in Verkehr gebracht werden, kann ein Unternehmen die gegenseitige Anerkennung der Zulassung beantragen.

Zulassung, Vereinfachte (Biozidprodukt)
Gesetzlich vorgeschriebenes Verfahren vor Inverkehrbringen eine Biozidprodukts, welches bestimmte in der Biozidverordnung festgelegte Kriterien erfüllt; bei Produkten möglich, die sowohl für die Umwelt, als auch für die Gesundheit von Mensch und Tier keine besorgniserregende Wirkstoffe enthält.

Zulassungspflicht (Biozide)
Pflicht gemäss Biozidverordnung, bei der Biozidprodukte nur in Verkehr gebracht, gewerblich oder beruflich verwendet werden dürfen, wenn sie zugelassen, mitgeteilt oder anerkannt sind.

Anmerkungen

1. Wilson, E.O. (1997): Der Wert der Vielfalt. Die Bedrohung des Artenreichtums und das Überleben des Menschen. München: Piper Verlag, S. 171.

2. O'Toole, C. (2000): Faszinierende Insekten. Wunder und Rätsel einer fremden Welt. Augsburg: Weltbild Verlag, S. 207.

3. Berenbaum, M.R. (2001): Unerwarteter Weltuntergang. Was geschähe, wenn plötzlich alle Insekten aussterben würden? In: Neue Züricher Zeitung Folio, Juli 2001, S. 14 ff.

4. In der Systematik der Biologie erfolgt die Einordnung von Arten wie folgt: Reich, Stamm, Klasse, Ordnung, Gattung, Art. Am Beispiel der Stubenfliege: Reich: Tierreich. Stamm: Gliederfüsser (Arthropoda). Klasse: Insekten (Insecta). Ordnung: Zweiflügler (Diptera). Unterordnung: Fliegen (Brachycera). Familie: Echte Fliegen (Muscidae). Gattung: Musca. Art: Stubenfliege (Musca domestica).

5. Berenbaum, M.R. (1997): Blutsauger, Staatsgründer, Seidenfabrikanten. Die zwiespältige Beziehung zwischen Mensch und Insekt. Heidelberg: Spektrum Akademischer Verlag, S. 160. Und: Hölldobler, B.; Wilson, E. (2013): Der Superorganismus. Der Erfolg von Ameisen, Bienen, Wespen und Termiten. Berlin/ Heidelberg: Springer Verlag, S. 360.

6. Wilson, E.O. (1997): Der Wert der Vielfalt. Die Bedrohung des Artenreichtums und das Überleben des Menschen. München: Piper Verlag, S. 257.

7. Bundesamt für Naturschutz (BfN) (2009): Blütenbestäuber und Biodiversität. www.bfn.de/0326_bestaeuber.html (Zugriff: 25.08.2014).

8. 250.000 Arten sind beschrieben. Man geht jedoch davon aus, dass es weitere 100.000 gibt, die noch nicht entdeckt sind. Aichele, D., Schwegler, H.-W. (2004): Die Blütenpflanzen Mitteleuropas. Bd 1. Stuttgart: Franckh-Kosmos Verlag, S. 49.

9. Unter dem Begriff Pflanzen kann verstanden werden: «Eine Pflanze ist ein Organismus, der entweder zum monophyletischen Taxon der Landpflanzen (Plantae) oder zur polyphyletischen Gruppe der Algen (Algae) gehört. In der Regel ist dieser durch besondere Eigenschaften ausgezeichnet, v.a. die Fähigkeit zur autotophen Ernährung, die Entfaltung der stoffwechselaktiven Oberflächen nach aussen, eine offene Organisationsform sowie das Fehlen von Empfindungsfähigkeit und aktivem Lokomotionsvermögen im Erwachsenenstadium.» Toepfer, G. (2011): Historisches Wörterbuch der Biologie. Bd. 3. Stuttgart: J.B. Metzler'sche Verlagsbuchhandlung und Carl Ernst Poeschel Verlag, S. 11. Wir möchten der Interpretation und Systematik folgen von: Aichele, D., Schwegler, H.-W. (2004): Die Blütenpflanzen Mitteleuropas. Bd 1. Stuttgart: Franckh-Kosmos Verlag, S. 134 ff.

10. Pickhardt, A, Fluri, P. (2000): Die Bestäubung der Blütenpflanzen durch Bienen. In: Mitteilung Nr. 38 des Schweizerischen Zentrums für Bienenforschung. Bern: Schweizerisches Zentrum für Bienenforschung, S. 20.

11. Ebenda, S. 28.

12. Tschamtke, T., Klein, A.M. (o.J.): Wie Artenvielfalt bei Bienen unsere Ernährung sichert. In: LandInForm, S. 22.

13. Jaksic-Born, C. et al. (2006): Natura. Grundlagen der Biologie für Schweizer Maturitätsschulen. Zug: Klett und Balmer Verlag, S. 36.

14. Jaksic-Born, C. et al. (2006): Natura. Grundlagen der Biologie für Schweizer Maturitätsschulen. Zug: Klett und Balmer Verlag, S. 38.

15. Schwerdtfeger, M., Flügel, H.-J. (2015): Blütenökologie. Band 2: Sexualität und Partnerschaft im Pflanzenbereich. Magdeburg: VerlagsKG Wolf, S. 162 ff.

16. Leins, P.; Erbar, C. (2008): Blüte und Frucht. Aspekte der Morphologie, Entwicklungsgeschichte, Phylogenie, Funktion und Ökologie. 2., überarb. Auflage. Stuttgart: Schweizerbart'sche Verlagsbuchhandlung.

17. Pickhardt, A, Fluri, P. (2000): Die Bestäubung der Blütenpflanzen durch Bienen. In: Mitteilung Nr. 38 des Schweizerischen Zentrums für Bienenforschung. Bern: Schweizerisches Zentrum für Bienenforschung, S. 20.

18. Klein, A.M. et al. (2007): Importance of pollinators in changing landscapes for world crop. In: Proceeding of the Royal Society B, Biological Science, Vol. 274, (1608), S. 303.

19. Buchmann, S.L. & Nabhan, G.P. (1996): The Forgotten Pollinators. Island Press / Shearwater Books, Washington D.C. Zitiert bei: Pickhardt, A, Fluri, P. (2000): Die Bestäubung der Blütenpflanzen durch Bienen. In: Mitteilung Nr. 38 des Schweizerischen Zentrums für Bienenforschung. Bern: Schweizerisches Zentrum für Bienenforschung, S. 20.

20. Flügel, H.-J. (2013): Blütenökologie. Band 1: Die Partner der Blumen. Magdeburg: VerlagsKG Wolf, S. 69.

21. In diesem Buch sind die lateinischen Namen der Gliederfüsser kursiv in Klammern gesetzt, wenn sie als direkte Übersetzung der zuvor genannten deutschen Bezeichnungen dienen. Sind sie ohne Klammern gesetzt, spezifizieren sie den zuvor genannten in der Systematik der Biologie übergeordneten Begriff. Beispiel: die Schlupfwespe *Anagyrus lopezi*. Schlupfwespen ist der Name einer Familie der Hautflügler, in welche die Art *Anagyrus lopezi* eingeordnet wird.

22. Klein, A.-M. et al. (2007): Importance of pollinators in changing landscapes for world crop. In: Proceedings of the Royal Society B, Biological Science, Vol. 274 (1608), S. 304.

23. Rader, R. et al. (2015): Non-bee insects are important contributors to global crop pollination. In: PNAS, Vol. 112 (48), S. 146.

24. Ebenda.

25. Vorwiegend Bartmücken der Art Forcipomyia. Franke, G., Pfeiffer, A. (1964): Der Kakao. Wittenberg Lutherstadt: A. Ziemsen Verlag, S. 13. Auch: Groeneveld, J.H. et al. (2010): Experimental evidence for stronger cacao yield limitation by pollination than by plant resources. In: Persp. Plant Ecol. Evol. Syst. 12, S. 183 ff.

26. Food and Agriculture Organization of the United Nations (FAO) (2008): Rapid Assessment of Pollinators' Status. A contribution to the international initiative for the conversation and sustainable use of pollinators. Rome: FAO, S. 5.

27. Hein, L. (2009): The Economic Value of the Pollination Service, a Review Across Scales. In: The Open Ecology Journal, Vol. 2. Bentham Open, S. 78.

28. Knuth, P. (1898): Handbuch der Blütenbiologie. Bd. I: Einleitung und Literatur. Leipzig: Verlag W. Engelmann. Entnommen aus: Pickhardt, A, Fluri, P. (2000): Die Bestäubung der Blütenpflanzen durch Bienen. In: Mitteilung Nr. 38 des Schweizerischen Zentrums für Bienenforschung. Bern: Schweizerisches Zentrum für Bienenforschung, S. 45.

29. Hooper, C.H. (1912): The pollination and setting of fruit blossoms and their insect visitors. In: Journal of the Royal Horticultural Society, S. 238-248.

Entnommen aus: Pickhardt, A, Fluri, P. (2000): Die Bestäubung der Blütenpflanzen durch Bienen. In: Mitteilung Nr. 38 des Schweizerischen Zentrums für Bienenforschung. Bern: Schweizerisches Zentrum für Bienenforschung, S. 45.

30. Pickhardt, A, Fluri, P. (2000): Die Bestäubung der Blütenpflanzen durch Bienen. In: Mitteilung Nr. 38 des Schweizerischen Zentrums für Bienenforschung. Bern: Schweizerisches Zentrum für Bienenforschung, S. 14.

31. Seymour, R. et al. (2003): Environmental biology: Heat reward for insect pollinators. In: Nature, Vol. 426, Nov. 2003, S. 243 f.

32. Flügel, H.-J. (2013): Blütenökologie. Band 1: Die Partner der Blumen. Magdeburg: VerlagsKG Wolf, S. 72.

33. Willmer, P. (2011): Pollination and floral ecology. Princeton: Princeton University Press, S. 331.

34. Schwerdtfeger, M., Flügel, H.-J. (2015): Blütenökologie. Band 2: Sexualität und Partnerwahl im Pflanzenbereich. Magdeburg. VerlagsKG Wolf, S. 163 f.

35. Flügel, H.-J. (2013): Blütenökologie. Band 1: Die Partner der Blumen. Magdeburg: VerlagsKG Wolf, S. 84.

36. Schwerdtfeger, M., Flügel, H.-J. (2015): Blütenökologie. Band 2: Sexualität und Partnerwahl im Pflanzenbereich. Magdeburg: VerlagsKG Wolf, S. 162.

37. Willmer, P. (2011): Pollination and floral ecology. Princeton: Princeton University Press, S. 380.

38. Ebenda, S. 409.

39. Vgl. auch: Ssymank, A. et al. (2009): Caring for Pollinators. Safeguarding agrobiodiversity and wild plant diversity. Bonn: Bundesamt für Naturschutz (BfN), BfN-Skripten 250, S. 39 ff. Und: Oxford, K.A., Memmott, J. (2015): The forgotten flies: the importance of non-syrphid Diptera as pollinators as pollinators. In: Proceedings of the Royal Society B: Biological Sciences, 282 (180), S. 1 ff.

40. Larson, B.M.H. et al. (2001): Flies and Flowers: taxonomic diversity of anthrophiles and pollinators. In: The Canadian Entomologist, No. 133, S. 439 ff.

41. Ssymank, A. et al. (2008): Pollinating flies (Diptera): A major contribution to plant diversity and agricultural production. In: Tropical Conservancy. Biodiversity 9 (1&2), S. 86.

42. Flügel, H.-J. (2013): Blütenökologie. Band 1: Die Partner der Blumen. Magdeburg: VerlagsKG Wolf, S. 82.

43. Ssymank, A. et al. (2009): Caring for Pollinators. Safeguarding agrobiodiversity and wild plant diversity. Bonn: Bundesamt für Naturschutz (BfN), BfN-Skripten 250, S. 44 f.

44. Künast, C. (o.J.): Blütenbestäuber brauchen mehr Lebensraum. Wie Eh da-Flächen die biologische Vielfalt fördern können. Berlin: Fördergemeinschaft Nachhaltige Landwirtschaft e.V. (FNL) Initiative „Innovation & Naturhaushalt", S. 11.

45. Willmer, P. (2011): Pollination and floral ecology. Princeton: Princeton University Press, S. 305.

46. Greenpeace e.V. (2013): Bye Bye Biene? Das Bienensterben und die Risiken für die Landwirtschaft in Europa. Hamburg: Greenpeace e.V., S. 3 ff.

47. Klein, A.M. et al. (2007): Importance of pollinators in changing landscapes for

world crop. In: Proceedings of the Royal Society B, Biological Science, Vol. 274 (1608), S. 303 ff.

48. Bawa, K.S. (1990): Plant pollinator interactions in tropical rain forests. In: Annual Review of Ecology and Systematics, Vol. 21, S. 299 422.Und: Kremen, C. et al. (2007): Pollination and other ecosystem services produced by mobile organisms: a conceptual framework for the effects of land-use change. In: Ecology Letters 10(4), S. 299-314, S. 306.

49. Williams I.H. (1994): The dependence of crop production within the European Union on pollination by honey bees. In: Agricultural Zoology Reviews 6, S. 229 – 257. Und: Aizen, M.A. et al. (2009): How much does agriculture depend on pollinators? Lessons from long-term trends in crop production. In: Annals of Botany, Vol. 103, Nr. 9, S. 1579-1588.

50. Roubik, D.W. (1995): Pollination of cultivated plants in the tropics. In: FAO Agricultural Services Bulletin, Vol. 118, Rom: FAO. Und: Aizen, M.A. et al. (2009): How much does agriculture depend on pollinators? Lessons from long-term trends in crop production. In: Annals of Botany, Vol. 103, Nr. 9, S. 1579-1588.

51. 39 der 57 wichtigsten Futterpflanzen werden von Insekten bestäubt. Die bestäubten Pflanzen entsprechen 35 Prozent der weltweiten Lebensmittelproduktion. Die Pflanzen werden jedoch nicht ausschliesslich von Insekten bestäubt, so dass der Anteil der Insekten niedriger als 35 Prozent ist. Klein, A.M. et al. (2007): Importance of pollinators in changing landscapes for world crop. In: Proceedings of the Royal Society B, Biological Science, Vol. 274 (1608), S. 306.

52. Lautenbach, S. et al. (2012): Spatial and Temporal Trends of Global Pollination Benefit. PLoS ONE 7(4): e35954. doi:10.1371/ journal.pone.0035954.

53. Ministry of the Environment (Brasil) (o.J.): Pollinators Management in Brazil. S. 31 ff.

54. Ya, T., Jia-sui, X., Keming, C. (o.J.): Hand pollination of pears and its implications for biodiversity conservation and environmental protection – A case study from Hanyuan County, Sichuan Province, China. Sichuan: Sichuan University, College of the Environment, S. 2 ff.

55. Newman, R.D. et al. (2007): Hand pollination to increase sse-set of red helleborine Cephalanthera rubra in the Chiltern Hills, Buckinghamshire, England. In: Conservation Evidence, Vol. 4, S. 88 ff.

56. Kremen, C. et al. (2007): Pollination and other ecosystem services produced by mobile organisms: a conceptual framework for the effects of land-use change. In: Ecology Letters. Vol. 10, S. 299.

57. Berenbaum, M. (2001): Unerwarteter Weltuntergang. Was geschähe, wenn plötzlich alle Insekten aussterben würden? In: Neue Züricher Zeitung Folio, Juli 2001, S. 14.

58. Aizen, M.A. et al. (2009): How much does agriculture depend on pollinators? Lessons from long-term trends in crop production. In: Annals of Botany, Vol. 103, S. 1579 ff.

59. Ebenda.

60. Greenpeace e.V. (2013): Bye Bye Biene? Das Bienensterben und die Risiken für die Landwirtschaft in Europa. Hamburg: Greenpeace e.V., S. 3 ff.

61. Schulbiologiezentrum des Landkreises Marburg-Biedenkopf (2001): Praxiskauz 2. Wir untersuchen den Lebensraum Boden. Tiere in der Laub- und Nadelstreu. Marburg: Arbeitshilfe zur Umwelterziehung, Schulbiologiezentrum des Lande-

kreises Marburg-Biedenkopf.,3. Auflage, S. 5 ff.

62. Schulbiologiezentrum des Landkreises Marburg-Biedenkopf (2001): Praxiskauz 2. Wir untersuchen den Lebensraum Boden. Tiere in der Laub- und Nadelstreu. Marburg: Arbeitshilfe zur Umwelterziehung, Schulbiologiezentrum des Landekreises Marburg-Biedenkopf., 3. Auflage, S. 15 ff.

63. Beller, J. (2006): Bodeneigenschaften und Insekten/Spinnen. In: Bodenschutz – eine Aufgabe des Naturschutzes?, S. 5.

64. Dietrich, C., Steiner, E. (2009): Das Leben unserer Ameisen – ein Überblick. In: Kataloge der oberösterreichischen Landesmuseen, Neue Serie, Vol. 85, S. 18.

65. Berenbaum, M. R. (1997): Blutsauger, Staatsgründer, Seidenfabrikanten. Die zwiespältige Beziehung zwischen Mensch und Insekt. Heidelberg: Spektrum Akademischer Verlag, S. 160.

66. Europäische Kommission (2010): Optionen für ein Biodiversitätskonzept und Biodiversitätsziel der EU für die Zeit nach 2010. Mitteilung der Kommission an das Europäische Parlament, den Rat, den Europäischen Wirtschafts- und Sozialausschuss und en Ausschuss der Regionen. Brüssel: Europäische Kommission, S. 2.

67. Convention on Biological Diversity (2010): Global Biodiversity Outlook 3. Montreal: Secretariat of Convention on Biological, S. 24.

68. Convention on Biological Diversity (2010): Global Biodiversity Outlook 3. Montreal: Secretariat of Convention on Biological, S. 9.

69. Ebenda.

70. Bundesministerium für Umwelt, Naturschutz und Reaktorsicherheit (2007): Nationale Strategie zur biologischen Vielfalt. Berlin: Bundesministerium für Umwelt, Naturschutz und Reaktorsicherheit, S. 17.

71. Bundesamt für Naturschutz (2012): Hintergrundinfo: Naturschutz / Biologische Vielfalt / Daten zur Natur, 20 Jahre nach Rio: Daten zur Natur ermöglichen Standortbestimmung zu Schutz und Entwicklung der biologischen Vielfalt. Bonn: Bundesamt für Naturschutz, S. 4.

72. Deutsche Bundesregierung (2012): Nationale Nachhaltigkeitsstrategie, Fortschrittsbericht 2012. Berlin, S. 71 f.

73. Millennium Ecosystem Assessment (2005): Ecosystems and Human Well-being: Biodiversity Synthesis. Washington, D.C.: World Resources Institute, S. 3 f.

74. Townsend, C. R. et al. (2003): Ökologie. Heidelberg/Berlin: Springer Verlag, 2nd Edition, S. 391 ff.

75. In Deutschland sind fast alle Grossinsektenfresser nahezu ausgestorben, z.B. Wiedehopf, Neuntöter, Raubwürger. Vgl. Wahl, J.R. et al. (2014): Vögel in Deutschland – 2014. DDA, BfN, LAG, VSW, Münster, S. 13. Und: Schmitz, M. (2011): Langfristige Bestandstrends wandernder Vogelarten in Deutschland. In: Vogelwelt, Nr. 132, S. 193.

76. Casando (o.J.): Singvögel in Deutschlands Gärten. Lindlar: Holz-Richter, S. 8 ff. Und: Dettner, K. (2010): Insekten als Nahrungsquelle, Abwehrmechanismen. In: Dettner, K., Peters, W. (Hrsg.): Lehrbuch der Entomologie, 2. Aufl., Heidelberg: Spektrum Akademischer Verlag, S. 557.

77. Föger, M., Pegoraro, K. (2004): Die Blaumeise. Hohenwarsleben: Westarp Wissenschaften, S. 36 ff.

Anmerkungen

78. Krägenow, P. (1986): Der Buchfink. Wittenberg Lutherstadt: Ziemsen Verlag, 2. Aufl., S. 72 f.

79. Blume, D. (1977): Die Buntspechte. Wittenberg Lutherstadt: Ziemsen Verlag, 3. Aufl., S. 18.

80. Pätzold, R. (1982): Das Rotkehlchen. Wittenberg Lutherstadt: Ziemsen Verlag, 2. Aufl., S. 31.

81. Grüne Liga (o.J.): Rauchschwalbe willkommen. Kohren-Sahlis: Grüne Liga, S. 3.

82. Birdlife Schweiz (o.J.): Gestatten, mein Name ist Specht... Schwarzspecht. Zürich: Schweizer Vogelschutz SVS/Birdlife Schweiz, S. 2.

83. Bosch, S. (2003): Segler am Sonnenhimmel. Niebüll: Verlag Videel,S. 32. Und: Bauer, H. G. et al. (2011): Das Kompendium der Vögel Mitteleuropas. Ein umfassendes Handbuch zu Biologie, Gefährdung und Schutz. Wiebelsheim: AULA-Verlag, S. 745.

84. Erwachsene Drosseln benötigen pro Tag ca. zehn Prozent ihres Körpergewichtes an Nahrung. Das entspricht ca. sieben Gramm und damit rund 1.000 kleinen Insekten. Vgl. Melde, M. (1991): Die Singdrossel. Turdus philomelos. Wittenberg Lutherstadt: Ziemsen Verlag, S. 79 ff.

85. Löhrl, H. (1991): Die Haubenmeise. *Parus cristatus*. Wittenberg Lutherstadt: Ziemsen Verlag, S. 99.

86. Ebenda, S. 97 ff.

87. Wimmer, N.; Zahner, V. (2010): Spechte. Ein Leben in der Vertikalen. Karlsruhe: G. Braun Buchverlag, S. 23.

88. Bütler, R. (2014), Wermelinger, B.: Borkenkäfer aufgepasst: Dreizehenspecht. In: Bündner Wald, Vol. 3/2014. Landquart: Bündner Wald.

89. Korodi Gal, I. (1975): Contribuții la cunoașterea biologiei reproducerii și hranei puilor la ghionoaia verde (Picus viridis L.). Muzeul Brukenthal. Studii și Comunicări. Științele Naturii, 19. In: Bauer, K.M.; Glutz von Blotzheim, U.N. (2001): Handbuch der Vögel Mitteleuropas, S. 329-336.

90. Berenbaum, M. R. (2001): Unerwarteter Weltuntergang. Was geschähe, wenn plötzlich alle Insekten aussterben würden? In: Neue Züricher Zeitung Folio, Juli 2001, S. 18.

91. Eckmann, R.; Schleuter-Hofmann, D. (2013): Der Flussbarsch - Perca fluviatilis: Biologie, Ökologie und fischereiliche Nutzung. Hohenwarsleben: Westarp-Wissenschaft, S. 74.

92. Capinera, J. L. (2010): Insects and Wildlife. Arthropods and their Relationships with Wild Vertebrate Animals. Oxford: Wiley-Blackwell, S. 152 ff.

93. Steffens, W. (2014): Der Karpfen. Magdeburg: VerlagsKG Wolf, S. 8.

94. Ebenda, S. 57 f.

95. Dettner, K. (2010): Insekten als Nahrungsquelle, Abwehrmechanismen. In: Dettner, K., Peters, W. (Hrsg.): Lehrbuch der Entomologie, 2. Aufl., Heidelberg: Spektrum Akademischer Verlag, S. 556.

96. Losey, J.E.; Vaughan, M. (2006): The economic value of ecological services provided by insects. In: Bioscience, S. 311 ff.

97. Grosse, W. R. (1994): Der Laubfrosch. *Hyla arborea*. Magdeburg: Westarp-Wissenschaften, S. 169 ff.

98. Kuzmin, S. L. (1995): Die Amphibien Russlands und angrenzender Gebiete. Magdeburg: Westarp-Wissenschaften, S. 170 ff.

99. Günther, R. (1990): Die Wasserfrösche Europas. Anura-Froschlurche. Wittenberg Lutherstadt: Ziemsen Verlag, S. 91.

100. Grosse, W. R. (1994): Der Laubfrosch. *Hyla arborea*. Magdeburg: Westarp-Wissenschaften, S. 89 ff.

101. Ebenda, S. 90.

102. Dettner, K. (2010): Insekten als Nahrungsquelle, Abwehrmechanismen. In: Dettner, K., Peters, W. (Hrsg.): Lehrbuch der Entomologie, 2. Aufl., Heidelberg: Spektrum Akademischer Verlag, S. 557.

103. Klewen, R. (1991): Landsalamander Europa: 1. Die Gattungen Salamandra und Mertensiella. Wittenberg Lutherstadt: Ziemsen-Verlag, 2. Auflage, S. 79 ff.

104. Ebenda, S. 124 ff.

105. Spannhof, L. (2003): Spitzmäuse. 2. Aufl. Magdeburg: Westarp Wissenschaften, S. 24 ff.

106. Witte, G. R. (1997): Der Maulwurf. *Talpa europaea*. Magdeburg: Westarp-Wissenschaften, S. 105 ff.

107. Witte berichtet, dass der Nahrungsbedarf eines Maulwurfes mit 62,6 Prozent seines Körpergewichtes berechnet werden konnte. Daraus hat der Autor berechnet, dass der Maulwurf bei einem durchschnittlichen Gewicht zwischen 60 und 150 Gramm ca. 50 Gramm Biomasse zu sich nehmen muss. Witte, G. R. (1997): Der Maulwurf. Talpa europaea. Magdeburg: Westarp-Wissenschaften, S. 102.

108. Schober, W. (1998): Die Hufeisennase: Rhinolophidae. Hohenwarsleben: Westarp-Wissenschaften, S. 29.

109. Schober, W. (1998): Die Hufeisennase: Rhiholophidae. Hohenwarsleben: Westarp-Wissenschaften, S. 94 & 67 ff.

110. Dettner, K. (2010): Insekten als Nahrungsquelle, Abwehrmechanismen. In: Dettner, K., Peters, W. (Hrsg.): Lehrbuch der Entomologie, 2. Aufl., Heidelberg: Spektrum Akademischer Verlag, S. 559.

111. Einen Überblick über die Aktivitäten zeigt: Food and Agriculture Organization of the United Nations (2013): Edible insects. Future prospects for food and feed security. Rome: FAO, S. 35 ff.

112. Food and Agriculture Organization of the United Nations (2013): Edible insects. Future prospects for food and feed security. Rome: FAO, S. 24 ff.

113. Ein guter Überblick über ausgezeichnete Ernährungswerte von Insekten findet sich bei: Food and Agriculture Organization of the United Nations (2013): Edible insects. Future prospects for food and feed security. Rom FAO, 162 ff.

114. Ebenda, S. 68f.

115. Ebenda, S. 73.

116. Ebenda, S. 178 ff.

117. Ebenda, S. 9 ff.

118. Wissenschaftlicher Beirat der Bundesregierung Deutschlands (2011): Welt im Wandel, Gesellschaftsvertrag für eine grosse Transformation. Berlin, S. 4.

119. Tschirner, M.; Simon A. (2015): Influence of different growing substrates and processing on the nutrient composition of black soldier fly larvae destined for animal feed. In: Wageningen Academic Publishers Journal of Insects as Food and Feed, S. 1.

120. Food and Agriculture Organization of the United Nations (2013): Edible insects. Future prospects for food and feed security. Rom: FAO, S. 207 ff.

121. Ebenda, S. 95

122. Ebenda, S. 91

123. OECD, Food and Agriculture Organization of the United Nations (2013): OECD-FAO Agricultural Outlook 2013-2022. Highlights. O.O.: OECD/FAO, S. 194 ff.

124. Maribus et al. (Hg.) (2013): Die Zukunft der Fische – die Fischerei der Zukunft. Hamburg: maribus, S. 85.

125. OECD, Food and Agriculture Organization of the United Nations (2013): OECD-FAO Agricultural Outlook 2013-2022. Highlights. O.O.: OECD/FAO, S. 194 ff.

126. Ebenda, S. 196.

127. Food and Agriculture Organization of the United Nations (2013): Edible insects. Future prospects for food and feed security. Rom: FAO, S. 198 ff.

128. Bornemissza G. F. (1976): The Australian Dung Beetle Poject 1965-1975. In: Australian Meat Research Committee Review, Vol. 30, S. 1-30. Zitiert in: Food and Agriculture Organization of the United Nations (2013): Edible insects: future prospects for food and feed security. Rome: FAO, S. 5.

129. O'Toole, C. (2000): Faszinierende Insekten. Wunder und Rätsel einer fremden Welt. Augsburg: Weltbild Verlag, S. 205.

130. Berenbaum, M. R. (2001): Unerwarteter Weltuntergang. Was geschähe, wenn plötzlich alle Insekten aussterben würden? In: Neue Züricher Zeitung Folio, Juli 2001, S. 18.

131. Radtke, O. A. (1999): Die Insekten als ständige Mit- und Gegenspieler des Menschen. In: BIOkular, S. 6.

132. Berenbaum, M. R. (1997): Blutsauger, Staatsgründer, Seidenfabrikanten. Die zwiespältige Beziehung zwischen Mensch und Insekt. Heidelberg: Spektrum Akademischer Verlag, S. 379.

133. Food and Agriculture Organization of the United Nations (2013): Edible insects: future propects for food and feed security. Rome: FAO, S. 203.

134. Berenbaum, M. R. (2001): Unerwarteter Weltuntergang. Was geschähe, wenn plötzlich alle Insekten aussterben würden? In: Neue Züricher Zeitung Folio, Juli 2001, S. 20.

135. O'Toole, C. (2000): Faszinierende Insekten. Wunder und Rätsel einer fremden Welt. Augsburg: Weltbild Verlag, S. 200.

136. Berenbaum, M. R. (1997): Blutsauger, Staatsgründer, Seidenfabrikanten. Die zwiespältige Beziehung zwischen Mensch und Insekt. Heidelberg: Spektrum Akademischer Verlag, S. 230.

137. Ebenda, S. 230 ff.

138. Cerutti, H. (2011): Wie Hans Rudolf Herren 20 Millionen Menschen rettete. Die ökologische Erfolgsstory eines Schweizers. Zürich: Orell Füssli Verlag, S. 37 ff.

139. Cerutti, H. (2011): Wie Hans Rudolf Herren 20 Millionen Menschen rettete. Die ökologische Erfolgsstory eines Schweizers. Zürich: Orell Füssli Verlag, S. 70.

140. Berenbaum, M. R. (1997): Blutsauger, Staatsgründer, Seidenfabrikanten. Die zwiespältige Beziehung zwischen Mensch und Insekt. Heidelberg: Spektrum Akademischer Verlag, S. 232.

141. Jehle, J. A. et al. (2013): Statusbericht Biologischer Pflanzenschutz 2013. Braunschweig: Julis Kühn Institut, S. 33 ff.

142. Schneller, H. (2009): Biologische Schädlingsbekämpfung mit Nützlingen. Referat 2.2.2009. Augustenberg: Landwirtschaftliches Technologiezentrum, S. 8.

143. Al-Kirshi, A. G. S. (1998): Untersuchungen zur biologischen Bekämpfung von Trogoderma granarium EVERTS, Trogoderma angustum (SOLIER) und Anthrenus verbasci L. (Coleoptera, Dermestidae) mit dem Larvalparasitoiden Laelius pedatus (SAY) (Hymenoptera, Bethylidae). In: Dissertation Humboldt-Universität zu Berlin: S. 3 ff.

144. Bär, M. (2009): Nützlinge für den Vorratsschutz. In: bioaktuell 2/09, S. 4 ff.

145. Berenbaum, M. R. (1997): Blutsauger, Staatsgründer, Seidenfabrikanten. Die zwiespältige Beziehung zwischen Mensch und Insekt. Heidelberg: Spektrum Akademischer Verlag, S. 189.

146. Myers, H.M. et al. (2008): Development of Black Soldier Fly (Diptera: Stratiomyidae) Larvae Fed Dairy Manure. In: Environ. Entomol. 37(1), S. 11.

147. Food and Agriculture Organization of the United Nations (2013): Edible insects. Future prospects for food and feed security. Rome: FAO, S. 215.

148. Henneman, M.L., Memmott, J. (2001): Infiltration of a Hawaiian Community by Introduced Biological Control Agents. In: Science, Volume 293, 17.8.2001, S. 1314 ff.

149. Peck, R.W. et al. (2008): Alien dominance of the parasitiod wasp community along an elevation gradient on Hawai'i Island. In: Biol Invasions (2008), Volume 10. Springer Science+Business Media B.V., S. 1452.

150. Aukema, J. E. et al. (2011): Economic Impacts of Non-Native Forest Insects in the Continental United States. PLoS ONE 6 (9):e24587.doe:10.1371/journal.pone.0024587.

151. Tobin, P.C. et al. (2012): The ecology, geopolotocs, and econmics of managing Lymantria dispar in the United States. In: International Journal of Pest Management. Volume 58, Number 3, July-September 2012, S. 195 ff.

152. Elkinton, J. S., Boettner, G. H. (2004): The effects of Compsilura concinnata, an introduced generalist tachinid, on the non-target species in North America: A cautionary tale. In: Driesche, van, R., Murray, T.: Assessing Host Ranges of Parasitoids and Predators. US Forest Service Gen Tech Bull. S. 4 ff. Auch: Wagner, D. L. (2012): Moth decline in the Northeastern United States. In: News oft he Lepidopterists' Society. Volume 42, Number 2, S. 52ff.

153. Story, J. M. (1984): Status of Biological Weed Control in Montana. In: Delfosse, E. S. (1985): VI. International Symposium Biological Control Weeds, 19.-25.8.1984. Vancouver, Canada: Agric. Can., S. 838.

154. Pearson, D. E.; McKelvey, K. S.; Ruggiero, L. F. (1999): Non-target effects of an introduced biological contral agent on deer mouse ecology. In: Oecologia (2000), Volume 122, Springer Verlag, S. 122.

155. Pearson, D. E., Caalawy, R. M. (2006): Biological control agents elevate hnatavi-

rus by subsidizing deer mouse populations. In: Ecology Letters (2006), Volume 9, S. 443.

156. Centers for Disease Control and Prevention (2015): Annual U.S. HPS Cases and Case-fatality, 1993-2013. www.cdc.gov/hantavirus/surveillance/annual-cases. html (Zugriff: 26.10.2015).

157. Cerutti, H. (2011): Wie Hans Herren 20 Millionen Menschen rettete. Die ökologische Erfolgsstory eines Schweizers. Zürich: Orell Füssli Verlag, S. 45 f.

158. Peters, Marian (2013): Application of edible inscets: insects as the missing link in designing a circular economy. In: Edible insects. Future prospects for food and feed security. Rom: Food and Agriculture Organization of the United Nations, S. 114 f.

159. Der Pillenkäfer Scarabaeus satyrus nutzt zum Navigieren tagsüber die Sonne und nachts den Mond. Forscher konnten nun feststellen, dass sich die Käfer bei mondlosen Nächten zuverlässig an den Sternen der Milchstrasse orientieren können. Quelle: Dacke, M. et al. (2013): Dung Beetles Use the Milky Way for Orientation. In: Current Biology, Vol. 23, Issue 4: Elsevier, S. 298 ff.

160. Glowing Plant (2015): Natural Lighting without Electricity. www.glowingplant. com (Zugriff: 13.8.2015).

161. Über dieses Thema gibt es zahlreiche Publikationen. Stellvertretend sollen hier genannt werden: Hölldobler, B.; Wilson, E. (2013): Der Superorganismus. Der Erfolg von Ameisen, Bienen, Wespen und Termiten. Berlin/Heidelberg: Springer Verlag, S. 1 ff. Und: Wilson, E. O. (2013): Die soziale Eroberung der Erde. Eine biologische Geschichte des Menschen. München: Verlag Beck, S. 1 ff. Und: Werber, N. (2013): Ameisengesellschaften. Eine Faszinationsgeschichte. Frankfurt: S. Fischer Verlag, S. 1 ff.

162. Berenbaum, M. R. (2001): Unerwarteter Weltuntergang. Was geschähe, wenn plötzlich alle Insekten aussterben würden? In: Neue Züricher Zeitung Folio, Juli 2001, S. 20.

163. Ebenda, S. 18.

164. Yong-Woo, L. (1999): Silk reeling and testing manual. In: FAO Agricultural services bulletin No. 136, Rome: FAO, S. 1 ff.

165. Vasisht, K.; Kumar, V. (2004): Africa, Compendium of Medicinal and Aromatic Plants. Trieste: United Nations Industrial Development Organization and the International Centre for Science and High Technology, S. 1.

166. WHO (2003): Traditional medicine. Fact sheet No. 134. www.who.int/media-centre/factsheets/2003/fs134/en/ (Zugriff: 7.8.2015).

167. WHO (2013): WHO traditional medicine strategy 2014-2023. Genf: WHO, S. 25 ff.

168. Eigene Berechnung basierend auf Vasisht und Kumar, die bereits für 2004 ein Volumen des weltweiten Marktes in Höhe von 60 Mrd. US Dollar angegeben haben. Vasisht, K.; Kumar, V. (2004): Africa, Compendium of Medicinal and Aromatic Plants. Trieste: United Nations Industrial Development Organization and the International Centre for Science and High Technology, S. 1 ff. Und: WHO (2003): Traditional medicine. Fact sheet No. 134. www.who.int/mediacentre/factsheets/2003/fs134/en/ (Zugriff: 7.8.2015).

169. O'Toole, C. (2000): Faszinierende Insekten. Wunder und Rätsel einer fremden Welt. Augsburg: Weltbild Verlag, S. 209.

170. Rufli, T. (2002): Biochirurgie, bewährtes Verfahren in der Wundbehandlung. In:

Deutsches Ärzteblatt, Heft 30, 26.07.2002, S. A 2038.

171. Berenbaum, M. R. (1997): Blutsauger, Staatsgründer, Seidenfabrikanten. Die zwiespältige Beziehung von Mensch und Tier. Heidelberg: Spektrum Akad. Verlag, S. 179 ff.

172. Verband der deutschen Lack- und Druckfarbenindustrie e.V. (2014): Jahresbericht 2012/2013. Frankfurt am Main: Verband der deutschen Lack- und Farbenindustrie e.V., S. 34 ff.

173. Markus, M. (2014): Unsere Welt ohne Insekten? Ein Teil der Natur verschwindet. Stuttgart: Franck-Kosmos Verlag, S. 21.

174. Ebenda.

175. Food and Agriculture Organization of the United Nations (2013): Edible insects. Future prospects for food and feed security. Rom: FAO, S. 93.

176. Wedi, B., Kapp, A. (o.J.): Lebensgefahr durch Bienen und Wespen? Allergenspezifische Immuntherarapie. Medizinische Hochschule Hannover, S. 1.

177. Ebenda.

178. Ohl, M. (2018): Stachel und Staat. Eine leidenschaftliche Naturgeschichte von Bienen, Wespen und Ameisen. Droemer Verlag, München, S. 220 ff.

179. Nordt, B. (2007): Die Bestäubung. Blüten und Bienen und ... - eine Millionen Jahre alte Liebesgeschichte. Eigenverlag, Berlin, S. 44. Und Brodmann, J. (2010): Pollinator attraction in Wasp-flowers. Dissertation Universität Ulm, S. 22.

180. Schremmer, F. (1962): Wespen und Hornissen. Wittenberg Lutherstadt: Ziemsen Verlag, S. 23 f.

181. Brodmann, J. (2010): Pollinator attraction in Wasp-flowers. Dissertation Universität Ulm, S. 23.

182. Brodmann, J. et al. (2008): Pollinator-attracting semiochemicals of the waspflower Epipactis helleborine. In: Mitt. Dtsch. Ges. Allg. Angew. Ent., Vol. 16, S. 171 ff.

183. Brodmann, J. (2010): Pollinator attraction in Wasp-flowers. Dissertation Universität Ulm, S. 24.

184. Ebenda, S. 28.

185. Energie- und Umweltagentur Niederösterreich (2018): Wir leben nachhaltig. Energie- und Umweltagentur Niederösterreich, online verfügbar unter: https://www.wir-leben-nachhaltig.at/aktuell/detailansicht/wespennest/ (Zugriff: 10.9.2018).

186. Schremmer, F. (1962): Wespen und Hornissen. Wittenberg Lutherstadt: Ziemsen Verlag, S. 26.

187. Aus der Grosslibellenfamilie Aeshnidae.

188. Gasse, M., Kröger, C. (1996): Schlüpfende Grosslibellen (Anisoptera: Aeshnidae) als Beute der sozialen Faltenwespe Vespula vulgaris L. (Hymenoptera: Vespidae). In: Libellula, Vol. 15 (1/2), S. 45 ff.

189. Schremmer, F. (1962): Wespen und Hornissen. Wittenberg Lutherstadt: Ziemsen Verlag, S. 84 ff.

190. Ebenda, S. 95 ff.

191. Fröhlich, V., Dunk, von der, K. (2016): Neu entdecktes Vorkommen der Hornissen-Raubfliege *Asilus crabroniformis* Linnaeus, 1771 in Mittelfranken. In: Beiträge des Kreises Nürnberger Entomologen, Band 32. Galathea, S. 5 f.

192. Auch Dickkopffliegen genannt.

193. Kuff, T. (1993): Der Wespenfächerkäfer Meteocus paradoxus im Rheinland. In: Mitteilungen Arb.gem. Rhein. Koleopterologen, Vol. 3. Bonn, S. 95 f. Und: Adlbauer, K. (1980): Der Wespenkäfer – Motoecus paradoxus – ein neu entdeckter Käfer des Burgenlandes. In: Natur und Umwelt Burgenland, 3. Jf. Heft 2, S. 51 f.

194. Grimm, H. (2009): Zur Biologie und Ökologie des Raubwürgers Lanius excubitor im Thüringer Becken und im Kyffhäuser-Unstrut-Gebiet. 2. Teil: Nahrung und Nahrungserwerb. In: Anz. Ver. Thüring. Ornitho. Vol. 6, S. 271 ff.

195. Ssymank, A. (2011): Dickkopffliegen (Diptera: Conopidae) im Saarland – erste faunistische Ergebnisse. In: Delattinia, Vol. 37. Delattinia, Saarbrücken, S. 75.

196. Ziesemer, F. (1997): Raumnutzung und Verhalten von Wespenbussarden (*Pernis apivorus*) während der Jungenaufzucht und zu Beginn des Wegzuges – eine telemetrische Untersuchung. In: Corax, Vol. 17. S. 19 ff. Und: Münch, H. (2004): Der Wespenbussard, 2. Aufl. Magdeburg: Westarp Wissenschaften, S. 81 ff.

197. Ursprung, J. (1984): Zur Brutbiologie und Nistökologie ostösterreichischer Bienenfresser (*Merops apiaster*). In: Egretta 27.2.1984. Birdlife Österreich, Gesellschaft für Vogelkunde, Austria, S. 74.

198. Bastian, A. et al. (2013): Der Bienenfresser (*Merops apiaster*) in Deutschland – eine Erfolgsgeschichte. In: Fauna Flora Rheinland-Pfalz, Jg. 12, Heft 3, S. 862 ff.

199. Schmid, P., Lüps, P. (1988): Zur Bedeutung von Wespen (Vespidae) als Nahrung des Dachses (Meles meles L.). In: Bonn. Zool. Beitr., Bd. 39, H. 1, S. 43 ff.

200. Capinera, J.L. (2010): Insects and Wildlife. Oxford: John Wiley&Son Ltd., S. 320.

201. Sanchez-Arroyo, H., Capinera, J.L. (o.J.): House ly, Musca domestica Linnaeus (Inscte: Diptera: Muscidae). UF, IFAS Extension EENY-048. University of Florida, S. 1 ff, online verfügbar unter: www.who.int/water_sanitation_health/resources/vector302to323.pdf (Zugriff: 10.9.2018).

202. Ebenda, S. 3.

203. Willmer, P.: Pollination and floral ecology. Princeton: Princeton University Press, 2011. S. 309.

204. Thapa, R.B. (2006): Honeybees and other insect pollinators of cultivated plants: A review. In: J.Inst. Agric. Anim. Sci., Vol. 27, S. 3 ff. Und: Seed Savers Exchange (o.J.): Rearing Insects for Pollination. Decorah, Iowa, S. 4. online verfügbar unter: https://www.seedsavers.org/site/pdf/rearing-insects.pdf (Zugriff: 10.9.2018). Und Clement, S.L. et al. (2007): Flies (Diptera: Muscidae: Calliphoridae) Are Efficient Pollinators of Allium ampeloprasum L. (Alliaceate) in Field Cages. In: Journal of Economic Entomology, Vol. 100, S. 131 ff.

205. Makkar, H.P.S. et al. (2014): State-of-the-art on uns of insects as animal feed. In: Animal Feed Sciene and Technology, Vol. 197, S. 1 ff.

206. Einen Überblick über die industrielle Züchtung der Gemeinen Fliege für Futtermittel gibt: Tomberlin, J.K. et al. (2017): Industrialization of house fly production for livestock feed. In: Huis, van, A., Tomberlin, J.K.: Insects as food and feed from production to consumption. Wageningen Academic Publishers, S. 248 ff.

207. Ogunji, J.O. et al. (2006): Housefly Maggot Meal (Magmeal): An Emerging Substitute of Fishmeal in Tilapia Diets. In: Conference on International Agricultural

Research for Development. Stuttgart-Hohenheim: Deutscher Tropentag 2006, S. 1 ff.

208. Meijer, N., Fels-Klerx, van der, H.J. (2017): Health risks and EU regulatory framework. In: Huis, van, A., Tomberlin, J.K.: Insects as food and feed from production to consumption. Wageningen Academic Publishers, S. 346 ff.

209. Maier, E. (o.J.): Spion beim lieben Gott. In: Max Plank Forschung, Vol. 2/12. Max Plank Institut, S. 86 f.

210. Koch, H.J. (2002): Forensische Entomologie. Prä- und postmortale Leichenbesiedlung durch Insekten. Diplomarbeit, Fachhochschule Villingen-Schwenningen, S. 21 ff.

211. Die Stechmücken gehören zu der Familie der Mücken (Nematocera).

212. Genau genommen ist der Begriff Culex pipiens als «Komplex» verschiendener Arten zu verstehen, zu denen gehören: «Cx. pipiens pipiens, Cx. p. pipicns biotyp molestus, Cx. p. quinquefasciatus, Cx. p. pallens, Cx. restuans, Cx. torrentium, Cx. australicus und Cx. globocoxitus, wobei für Europa lediglich Cx. p. pipiens, Cx. p. pipiens biotyp molestus und Cx. torrentium nachgewiesen sind." Czajka, C. (2013): Untersuchung zur Culicidenfauna in Deutschland mit besonderer Berücksichtigung des Culex pipiens-Komplexes und der Vektorkompetenz für Nematoden und Protozoen. Dissertation Universität Heidelberg, S. 25.

213. Peus, F. (1951): Stechmücken. Leipzig: Akademische Verlagsges. Geest&Portig, S. 28.

214. Jhumur, U.S. (2007): Silene otites (Caryophyllaceae): Attraction of nectar-seeking mosquitoes to inflorescence odours, and temporal variation of flower scent and flower visitors. Dissertation Universtität Bayreuth, S. 27.

215. Ebenda, S. 27 ff.

216. Zittra, C. (2013): Grundlagenwissen über Stechmücken (Culicidae: Diptera) des Nationalparks Donau-Auen. Orth/Donau: Nationalpark Donau-Auen, S. 5.

217. Nathiya, V. et al. (2015): Predatory Ability of Mesocyclops Aspericornis on the larvae of Culex quinquefasciatus under monocrotophos pollutes condition. In: International Journal of Modern Reserach and Reviews, Vol. 3, Issue 3, S: 630 ff.

218. Awashi, A.K. et al. (2012): How does the Ambush Predatory Copepod Megacyclops formosanus (Harada, 1931) Capture Mosquito Larvae of Aedes aegypti? In: Zoological Studies, Vol. 51, S. 927 ff.

219. Wichard, W. (2013): Atlas zur Biologie der Wasserinsekten. Heidelberg: Springer Spektrum, S. 254.

220. Walter, D., Kampen H. (2016): Stechmücken (Diptera: Culicidae). In: Frank, D., Schnitter, P. (Hrsg.): Pflanzen und Tiere in Sachsen-Anhalt. Ein Kompendium der Biodiversität. Rangsdorf: Natur+Text, S. 1041.

221. Engelbrecht, H.; Reichmuth, C. (1997): Schädlinge und ihre Bekämpfung. Hamburg: Behr's Verlag, 3. Auflage, S. 1.

222. Ebenda, S. 5.

223. Ebenda, S. 50.

224. World Health Organization (WHO) (2015): World Malaria Report 2014. Geneva: WHO, S. i f.

225. Abdullah, G et al. (2010): Alkhurma Hemorrhagic Fever in Humans, Nigran, Saudi Arabien. In: CD: Emerging Infections Diseases, Vol. 1, Nr. 12, Dezember

2010, S. 1882-1887.

226. Centres for Disease Control and Prevention (CDC) (2015): West Nile virus disease cases and deaths reported to CDC by year and clinical presentation, 1999-2014. Atlanta: CDC, o.S. Informationen zur Ausbreitung: CDC, Divison of Vector-Borne Diseases (2013): West Nile Virus in the United States: Guidelines for Surveillance, Prevention, and Control, Fort Collins, Colorado, 4. Auflage, S. 1 ff.

227. Eidgenössisches Department für Umwelt, Verkehr, Energie und Kommunikation (UVEK), Bundesamt für Umwelt (BAFU), Eidgenössisches Departement des Innern (EDI), Bundesamt für Gesundheit (BAG) (2011):Konzept 2011 für die Bekämpfung der Tigermücke Aedes Albopictus und der von ihr übertragenen Krankheiten in der Schweiz, Bern: Schweizer Eidgenossenschaft, S. 3.

228. Bundesamt für Gesundheit (BAG) (2011): Übertragbare Krankheiten. Tabellen zu Dengue und Chikungunya in der Schweiz (Stand 10.2.1011), Bern: Bulletin BAG Nr.17, S. 382-384.

229. European centre for disease prevention and control (ECDC) (2013): Surveillance report. Annual epidemiological report 2012. Reporting on 2010 surveillance data and 2011 epidemic intelligence data. Stockholm: ECDC, S. 148 ff.

230. WHO (2012): Dengue and severe dengue. Fact sheet N°117, Geneva: WHO, O. S.

231. Gould, E. A.; Solomon, T. (2008): Pathogenic flaviviruses. In: The Lancet, Vol. 371. Nr. 9611, S. 505.

232. Gould beschreibt z.B. die Möglichkeit, dass durch Zugvögel die in Asien beheimatete Japanische Encephalatis nach Europa kommen könnte. Gould, E.A.; Solomon, T. (2008): Pathogenic flaviviruses. In: The Lancet, Vol. 371, Nr. 9611, S. 507.

233. United Nations Environment Programm (2015): An Overview of Our Changing Environment 2004/2005. Nairobi: UNEP, S. 77.

234. WHO, Global Alert and Response (GAR) (2006): Chikungunya in India, O.O.: WHO, O. S.

235. WHO (2006): Chikungunya and Dengue in the South West Indian Ocean, O.O.: WHO, O. S.

236. Robert Koch Institut (2012): Aktuelle Daten und Informationen zu Infektionskrankheiten und Public Health. In: Epidemiologisches Bulletin, Nr. 43, S. 435.

237. Ebenda, S. 435.

238. Dick B. et al. (2012):Review: The History of Dengue Outbreaks in the Americas, The American Society of Tropical Medicine and Hygiene Nr. 87. Washington: Pan American Health Organization (PAHO), S. 584–593.

239. WHO (o.J.): Report on Global Surveillance of Epidemic-prone Infectious Diseases - Dengue and dengue haemorrhagic fever. In: Global Alert and Response (GAR). www.who.int/csr/resources/publications/dengue/CSR_ISR_2000_1/en/index4.html (Zugriff:13.11.2015).

240. WHO Initiative for Vaccine Research (2013): Vector-Borne Viral Infections. Geneva: WHO, S. 2.

241. Gould, E. A.; Solomon, T. (2008): Pathogenic flaviviruses. In: The Lancet, Vol. 371, Nr. 9611, S. 500.

242. World Health Organization (WHO) (2014): Yellow Fever. Factsheet No. 100, updated March 2014. Geneva: WHO, S. 1.

243. Für Europa: Europäisches Zentrum für die Prävention und Kontrolle von Krankheiten / European centre for disease prevention and control (ECDC) (2013): Surveillance report. Annual epidemiological report 2012. Reporting on 2010 surveillance data and 2011 epidemic intelligence data. Stockholm: ECDC, S. 159. Für Deutschland: Robert Koch Institut (2011): Steckbriefe Seltener und importierter Infektionskrankheiten. Berlin: Robert Koch Institut, S. 16.

244. Centres for Disease Control and Prevention (CDC) (2012): Japanese Encephalitis Surveillance and Immunization – Asia and the western Pacific. In: CDC - Morbidity and Mortality weekly report, 62 (33), S. 658 ff.

245. Ebenda.

246. WHO (2012): Leishmaniasis: worldwide epidemiological and drug access update, Geneva: WHO, S. 1 ff.

247. WHO (2012): Leishmaniasis: worldwide epidemiological and drug access update, Geneva: WHO, S. 12 ff.

248. WHO (2014): Number of cases of visceral leishmaniasis reported Data by country. http://apps.who.int/gho/data/node.main.NTDLEISHVNUM?lang=en. (Zugriff: 16.08.2015).

249. Robert Koch Institut (2003): Aktuelle Daten und Informationen zu Infektionskrankheiten und Public Health. In: Epidemiologisches Bulletin, Nr. 33, S. 261 ff.

250. WHO (2014): World Malaria Report 2014. Geneva: WHO, S. xii.

251. WHO (2012): World Malaria Report 2012. Geneva: WHO, S. 57ff.

252. Ebenda, S. 55.

253. European Center for Disease Prevention and Control (EDCD) (2012): Communicable disease threats report. In: CDTR, week 40, S. 8 ff.

254. Robert Koch Institut (2012): Aktuelle Daten und Informationen zu Infektionskrankheiten und Public Health. In: Epidemiologisches Bulletin, Nr. 43, S. 1 ff.

255. Seder, R. A. et al. (2013): Protection against Malaria by Intravenous Immunization with a Nonreplicating Sporozoite Vaccine. In: Science 1241800.

256. WHO (2014): World Malaria Report 2014. Geneva: WHO, S. xii.

257. Gould, E. A.; Solomon, T. (2008): Pathogenic flaviviruses. In: The Lancet, Vol. 371, Nr. 9611, S. 501.

258. Louisiana Office of Public Health – Infectious Disease Epidemiology Section (2012): Saint Louis Encephalitis. Louisiana: SLE Annual Report 2012, S. 1.

259. European centre for disease prevention and control (ECDC) (2013): Surveillance report. Annual epidemiological report 2012. Reporting on 2010 surveillance data and 2011 epidemic intelligence data. Stockholm: ECDC, S. 155.

260. European centre for disease prevention and control (ECDC) (2014): Annual epidemiological report. Emerging and vector-borne diseases 2014. Ohne Ort, S. 45 ff.

261. Heinz, F. X. (2008): Tick-borne Encephalitis: Rounding out the picture. In: Eurosurveillance, Vol. 13, Issues 4-6, S. 7.

262. Robert Koch Institut (2011): Steckbriefe Seltener und importierter Infektionskrankheiten. Berlin: Robert Koch Institut, S. 14.

263. Süss, J. (2008): Tick-borne encephalitis in Europe and beyond. The epidemiolo-

gical situation as of 2007. In: Eurosurveillance, Vol. 13, Issue 26, S. 1 ff.

264. Robert Koch Institut (2013): Aktuelle Daten zu Infektionskrankheiten und Public Health. In: Epidemiologisches Bulletin, Nr. 18, S. 152.

265. Ebenda, S. 157.

266. Süss, J. (2008): Tick-borne encephalitis in Europe and beyond. The epidemiological situation as of 2007. In: Eurosurveillance, Vol 13, Issue 26, S. 3 ff.

267. Daniel, M. et al. (2009): Vertical distribution of the tick Ixodes ricinus and tick-borne pathogens in the northern Moravian mountains correlated with climate warming (Jeseníky Mts., Czech Republic) In: Cent Eur J Public Health, Vol. 17 (3), S. 139–145.

268. EDCD berichtet, dass die Hyalomma Zecken auch in Westspanien gefunden wurden: European centre for disease prevention and control (ECDC) (2013): Surveillance report. Annual epidemiological report 2012. Reporting on 2010 surveillance data and 2011 epidemic intelligence data. Stockholm: ECDC, S. 146.

269. European centre for disease prevention and control (EDCD) (2008): Meeting Report. Consultation on Crime-Congo haermorragic fever. Prevention and control, Stockholm: EDCD, S. 7.

270. Robert Koch Institut (2013): Aktuelle Daten zu Infektionskrankheiten und Public Health. In: Epidemiologisches Bulletin, Nr. 40, S. 398.

271. Ebenda, S. 226.

272. Ebenda, S. 397 ff.

273. Robert Koch Institut (2013): Lyme-Borreliose. RKI Ratgeber für Ärzte, Berlin: Robert Koch Institut, S. 1 ff.

274. U.S. Department of Health and Human Services, Centers for Disease, Control and Prevention (CDC) (2013): Tick born diseases of the United States. A Reference Manual for Health Care Providers. Fort Collins: CDC, S. 2 ff.

275. Robert Koch Institut (2010): Aktuelle Daten zu Infektionskrankheiten und Public Health. In: Epidemiologisches Bulletin, Nr. 12, S. 1 ff.

276. CDC (2008): Surveillance for Lyme Disease – United States 1992-2006. In: MMWR, Vol. 57 (SS10), S. 1-9. Und CDC (2013): Reported Cases of Lyme Diseases by Year, United States, 2003-2012, Lyme Diseases Data. www.cdc.gov/lyme/stats/chartstables/reportedcases_statelocality.html (Zugriff: 15.3.2015).

277. Robert Koch Institut (2008): Aktuelle Daten zu Infektionskrankheiten und Public Health. In: Epidemiologisches Bulletin, Nr. 25, S. 201.

278. CDC (2013): Diagnosis and Management of Q-Fever, United States 2013. In: MMWR, Vol. 62 (RR03), S. 3.

279. WHO (1986): Report of WHO Workshop on Q-Fever, Giessen 2.-5. September 1986, Geneva: WHO, S. 4.

280. CDC (2013): Diagnosis and Management of Q-Fever, United States 2013. In: MMWR, Vol. 62 (RR03), S. 3.

281. European centre for disease prevention and control (ECDC) (2013): Surveillance report. Annual epidemiological report 2012. Reporting on 2010 surveillance data and 2011 epidemic intelligence data. Stockholm: ECDC, S. 136.

282. Robert Koch Institut (2003): Aktuelle Daten zu Infektionskrankheiten und Public Health. In: Epidemiologisches Bulletin, Nr. 44, S. 353 ff. Und: Robert Koch

Institut (2006): Aktuelle Daten zu Infektionskrankheiten und Public Health. In: Epidemiologisches Bulletin, Nr. 45, S. 391 ff.

283. European centre for disease prevention and control (ECDC) (2013): Surveillance report. Annual epidemiological report 2012. Reporting on 2010 surveillance data and 2011 epidemic intelligence data. Stockholm: ECDC, S. 137.

284. CDC (2013): Q-Fever, Statistics. www.cdc.gov/qfever/stats (Zugriff: 6.7.2015).

285. Raoult, D.; Roux, V. (1997): Rickettsioses as Paradigms of New or Emerging Infectious Diseases. In: Clinical Microbiology Reviews, Vol. 10, No. 4, S. 704 ff.

286. Raoult, D.; Roux, V. (1997): Rickettsioses as Paradigms of New or Emerging Infectious Diseases. In: Clinical Microbiology Reviews, Vol. 10, No. 4, S. 706.

287. Robert Koch Institut (2011): Steckbriefe Seltener und importierter Infektionskrankheiten. Berlin: Robert Koch Institut, S. 86 ff.

288. Satta, G. (2011): Pathogens and symbionts in ticks: a survey on tick species distribution and presence of tick-transmitted micro-organisms in Sardinia, Italy. In: Journal of Medical Microbiology, Vol. 60, S. 63–68. Und: Grahman, R.I. et al.(2010): Detection of spotted fever group Rickettsia spp. From birds ticks in the U.K. In: Medical and Veterinary Entomology, Vol. 24, Issue 3, S. 340–343. Und: Elfving, K. (2010): Dissemination of Spotted Fever Rickettsia Agents in Europe by Migrating Birds. In: PLoS One, Vol. 5(1): e8572. Published online 2010 January 5. doi:10.1371/journal.pone.0008572.

289. Für Jahresangabe: Raoult, D.; Roux, V. (1997): Rickettsioses as Paradigms of New or Emerging Infectious Diseases. In: Clinical MicrobiologyReviews, Vol. 10, No. 4, S. 706. Für die Zeckenart: CDC (2013): Tick born diseases of the United States. A Reference Manual for Health Care Providers. Fort Collins: CDC, S. 2.

290. Robert Koch Institut (2011): Steckbriefe Seltener und importierter Infektionskrankheiten. Berlin: Robert Koch Institut, S. 88.

291. CDC (2013): Rocky Mountain Spotted Fever, Statistics and Epidemiology. http://www.cdc.gov/rmsf/stats/ (Zugriff: 1.10.2013).

292. WHO (2012): Report of a WHO meeting on elimination of African trypanosomiasis (Trypanosoma brucei gambiense). Geneva: WHO, S. 4.

293. Robert Koch Institut (2009): Krätzmilbenbefall. In: Epidemiologisches Bulletin, Nr. 19, S. 177 ff.

294. Hompes, S. (2013): Analyse der Auslöser, Risikofaktoren und Versorgungslage von Anaphylaxie-Patienten. In: Dissertation, Medizinische Fakultät Charité – Universitätsmedizin Berlin, S. 8 ff.

295. Przybilla, B.; Ruëff, F. (2012): Insektenstiche: Klinisches Bild und Management. In: Dtsch Arztebl Int 2012; Vol. 109(13), S. 1.

296. Worm M.; Hompes S, (2012): Das deutschsprachige Anaphylaxie-Register. Aktueller Stand und Perspektiven. In: Bundesgesundheitsblatt 2012; Vol. 55, S. 380 ff.

297. Beerenbaum, M.R. (1997): Blutsauger, Staatsgründer, Seidenfabrikanten. Heidelberg: Spektrum Akademischer Verlag, S. 144 ff.

298. FORSA, Gesellschaft für Sozialforschung und statistische Analysen mbH (2012): Allergien. Ergebnisse einer telefonischen Repräsentativbefragung im Auftrag der Deutschen Dermatologischen Gesellschaft, 15.2.2012, S. 9ff.

299. Eis, D.et al. (2010). Klimawandel und Gesundheit – Ein Sachstandsbericht. Berlin: Robert Koch-Institut, S. 171.

300. Institut für Qualität und Wirtschaftlichkeit im Gesundheitswesen (2011): Merkblatt Kopfläuse. Köln: IQWiG, S. 2.

301. Bräsicke, N. (2013): Ökologische Schäden, gesundheitliche Gefahren und Maßnahmen zur Eindämmung des Eichenprozessionsspinners im Forst und im urbanen Grün. Quedlinburg: Julius Kühn-Institut, S. 22 ff.

302. Klug, M. (2013): Ausbreitung, Gefahrenpotential und Bekämpfung des Eichenprozessionsspinners in Nordrhein-Westfalen. In: Bräsicke, N. (Hg.): Ökologische Schäden, gesundheitliche Gefahren und Maßnahmen zur Eindämmung des Eichenprozessionsspinners im Forst und im urbanen Grün. Quedlingburg: Julius-Kühne-Institut, S. 28.

303. Julius Kühn-Institut (2012): Die Prozessionsspinner Mitteleuropas, ein Überblick. Fachgespräch Prozessionsspinner: Fakten – Folgen – Strategien. Berlin: Julius-Kühne-Institut, S. 7.

304. World Organisation for Animal Health (OIE) (2015): Terrestrial Animal Health Code, Chapter 1.2. Criteria for the inclusion of diseases, infections and infestations on the OIS List. Paris: OIE, S. 1 ff.

305. FAO (2002): Fighting tsetse - a scourge to African farmers. www.fao.org/english/newsroom/news/2002/4620-en.html (Zugriff: 7.8.2015).

306. Toma, L. et al. (2014): Detection of microbial agents in ticks collected from migratory birds in central Italy. In: Vector Borne and Zoonotic Diseases, 14(3), S. 199-205.

307. European Food Safety Authority (EFSA) (2013): Technical Report „Schmallenberg" virus: analysis of the epidemiological data. Parma: EFSA, S. 8.

308. International Centre of Insect Physiology and Ecology (ICIPE) (o.J.): Evicting Africa's unwanted tenants. O.O.: ICIPE, S. 2.

309. Walton, T.E. (2004): The history of bluetongue and a current global overview. In: Veterinaria Italiana, Vol 40 (3), S. 31.

310. FAO (2006): Bluetongue in Europe. In: Empress Watch, 09/2006, S. 2.

311. OIE (2014): General Disease Information Sheet Bluetongue. Paris: OIE, S. 1.

312. Gerdes, G.H. (2004): A South African overview of the virus, vectors, surveillance and unique features of bluetongue. In: Veterinaria Italiana, Vol. 40 (3), S. 41 ff.

313. FAO (2006): Bluetongue in Europe. In: Empress Watch, 09/2006, S. 2.

314. OIE (2014): General Disease Information Sheet Bluetongue. Paris: OIE, S. 6.

315. FAO (2006): Bluetongue in Europe. In: Empress Watch, 09/2006, S. 1.

316. Ebenda, S. 4.

317. Ebenda, S. 3.

318. European Food Safety Authority (EFSA) (2013): Technical Report „Schmallenberg" virus: analysis of the epidemiological data. Parma: EFSA, S. 8.

319. Department for Environment, Food and Rural Affairs Veterinary & Science Policy Advice International Disease Monitoring (2012): Update No.11 on Schmallenberg Virus in Northern Europe. Reference: VITT/1200 Schmallenberg virus in North Europe Date: 26th October 2012, S. 3.

320. European Food Safety Authority (EFSA) (2012): "Schmallenberg" virus: Analysis of the Epidemiological Data and Assement of impact. Scientific Report of

EFSA, Parma: EFSA, S. 11 ff.

321. Davidson, M.M. et al. (1991): Louping ill in man: a forgotten disease. In: Journal of Infection, Nr. 23, S. 241.

322. Public Health Wales et al. (2011): A case of louping ill. In: Zoonoses Network Newsletter, No. 12, S. 2.

323. Schweizerisches Bundesamt für Veterinärwesen (2013): Louping Ill. In: Merkblatt, 04/2013, S. 1.

324. Balseiro, A. et al. (2012): Louping Ill in goats. In:Emerging Infectious Diseases, Vol. 18(6): S. 976 ff.

325. Animal Health and Vetering Laboratories Agency (2013): Non Statutory Zoonoses. In: Annual Report, S. 2.

326. Jaskolla, D. (2006): Der Pflanzenschutz vom Altertum bis zur Gegenwart Ein Leitfaden zur Geschichte der Phytomedizin und der Organisation des deutschen Pflanzenschutzes. Quedlinburg: Julius Kühn-Institut, S. 1 ff.

327. Industrieverband Agrar (2013): Jahresbericht 2012/2013 Industrieverband Agrar e.V.. Frankfurt: IVA, S. 5.

328. Saleem, M. N. (2002):Insect Damage: Damage on Post-harvest. International Centre of Insect Physiology and Ecology (ICIPE). Edited by: AGSI/FAO: Danilo M. (Technical), Beverly L. (Language & Style), S. 3. Und: Pimentel, D. (2007): Area-Wide Pest Management: Environmental, Economics and Food Issues. In: Area-Wide Control of Insect Pests. From Research to Field Implementation. FAO/IAEA Programm of Nuclear Techniques. Dordrecht: Springer, S. 36 ff.

329. Saleem, M. N. (2002):Insect Damage: Damage on Post-harvest. International Centre of Insect Physiology and Ecology (ICIPE). Edited by: AGSI/FAO: Danilo M. (Technical), Beverly L. (Language & Style), S. 2 ff.

330. Hendrichs, J. et al. (2011): Area-Wide Integrated Pest Management: Principles, Practice and Prospects. In: Area-Wide Control of Insect Pests. From Research to Field Implementation. FAO/IAEA Programm of Nuclear Techniques. Dordrecht: Springer, S. 3. Und: IVA (2011): Die Pflanzen schützen, den Menschen nützen. In: Informationsserie Pflanzenschutz, 04/2011, S. 16.

331. FAO (2015): Plant pests and diseases. www.fao.org/emergencies/emergency-types/plant-pests-and-diseases/en/ (Zugriff: 7.8.2015).

332. FAO (2013): Save and Grow: Cassava. Rom: FAO, S. 79 ff.

333. Kapinga, R. et al. (2005): Status of Cassava in Tanzania. In: FAO: A review of cassava in Africa with country case studies on Nigeria, Ghana, the United Republic of Tanzania, Uganda and Benin. Rom: FAO, o.S.

334. Ekesi. S. (2012): Combating Fruit Flies in Eastern and Southern Africa (COFE-SA): Elements of a Strategy and Action Plan for a Regional Cooperation Program. Nairobi: COFESA, S. 3.

335. Standards and Trade Development Facility (2010): STDF Briefing No 4. Geneva: WTO, S. 1.

336. Stonehouse, J. et al. (2008): Scoping Study on the Damages Inflicted by Fruit Flies on West Africa´s Fruit Production and Action Plan for a Coordinated Regional Response. In: Framework Contract Benef., Lot No. 1 June, S. 12 ff. Und: Mumford, J.O. (2006): Integrated Management of Fruit Flies in India. London: Imperal College, S. 3 ff.

337. Ekesi, S.; Khamis, F. (2012): Biology and Management of fruit flies in Africa, their risk of invasion and potential impact in the near east. In: Presentation on the Regional symposium on the management of fruit flies in the Near East countries, Hammamet, Tunisia, 6-8 November, 2012, S. 5 ff.

338. Ekesi. S. (2012): Combating Fruit Flies in Eastern and Southern Africa (COFE-SA): Elements of a Strategy and Action Plan for a Regional Cooperation Program. Nairobi: COFESA, S. 3 ff.

339. Cressmann, K. (2009): Monitoring Desert Locusts in the Middle East: An Overview. In: Yale University Bulletin, No. 103, S. 123 ff.

340. FAO; Locust Group (2004): Hunger in their wake. Inside the battle against the Desert Locusts. Rome: FAO, S. 1 ff.

341. Rosenberg, J.; Burt, P.J.A. (1999): Windborne displacements of Desert Locusts from Africa to the Carribean and South America. In: Aerobiologia, No. 15, S. 167 ff.

342. Ebenda.

343. Saleem, M. N. (2002):Insect Damage: Damage on Post-harvest. International Centre of Insect Physiology and Ecology (ICIPE). Edited by: AGSI/FAO: Danilo M. (Technical), Beverly L. (Language & Style), S. 10 ff.

344. FAO (2015): FAO, Statistics Division 2015. Rom. http://faostat.fao.org/site/567/desktopdefault.aspx#ancor (Zugriff: 3.11.2015).

345. Meissle, M. et al. (2010): Pests, pesticide use and alternative options in European maize production: current status and future prospects. In: Journal of applied entomology, Vol. 134, S. 363.

346. EG-Richtlinie 2000/29/EG, S. 1 ff.

347. WFIWC (2014): Agrilus coxalis. http://wfiwc.org/sites/default/files/documents/cnc/a-coxalis2.pdf (Zugriff: 16.08.2015). Und: FAO (2015): A quick overview ofa USA perspective. http://www.fao.org/fileadmin/user_upload/reu/europe/documents/Events2015/PhsF_Nyiregyhaza/2_usa_en.pdf (Zugriff: 16.08.2015).

348. Schröder, Th. (2012): Die Japanische Ulmenblattwespe Aproceros leucopoda, ein neuer Schädling an Ulmen in Europa. In: Jahrbuch der Baumpflege 2012. Augsburg: Deutsche Baumpflegetage, S. 294-301. Und: JKI (2013): Pest report from NPPO of Germany. Aproceros leucopoda. http://pflanzengesundheit.jki.bund.de/dokumente/upload/f7663_aproceros_leucopoda_pest-report-2013-06.pdf (Zugriff: 16.08.2015).

349. JKI (2012): Pest report from NPPO of Germany. Aromia bungii (Cerambycidae). http://pflanzengesundheit.jki.bund.de/dokumente/upload/a68de_aromia_bungii_pest-report_2012-04-19.pdf (Zugriff: 16.08.2015).

350. Bacon, S. J. (2014): Quarantine arthropod invasions in Europe: the role of climate, hosts and propagule pressure. In: Diversity and Distributions, Vol. 20, S. 87.

351. JKI (2012): Pest report from NPPO of Germany. Strauzia longipennis. http://pflanzengesundheit.jki.bund.de/dokumente/upload/38c71_strauzia_longipennis_pest-report_2012-02-16.pdf (Zugriff: 16.08.2015).

352. FAO (2012): Thaumastocoris peregrinus. Forest pest species profiles. www.fao.org/forestry/37416-068554951d2006931794ba801340d0ea2.pdf (Zugriff: 16.08.2015).

353. IVA (2011): Die Pflanzen schützen, den Menschen nützen. In: Informationsserie Pflanzenschutz, 04/2011, S. 16.

354. BMELV (2013): Einschätzung der pflanzlichen Lebensmittelverluste im Bereich der landwirtschaftlichen Urproduktion. Braunschweig: BMELV, S. 5 ff.

355. Pilars, G. (2012): Dr. Reckhaus möchte neues Geschäftsfeld erschliessen. In: Lebensmittelzeitung, Nr. 46, S. 14.

356. Reichmuth, C. (2013): Aussichten für Vorratsschädlinge. In: Journal für Kulturpflanzen, Nr. 65, S. 85 ff.

357. JKI (2011): Vorräte richtig schützen. In: Informationsblatt des JKI, 04/11, S. 1 ff.

358. FAO (2006): Global Forest Resources Assessment. Progress towards sustainable forest management. Rome: FAO, S. xii.

359. Ebenda, S. 65.

360. Ebenda, S. 68.

361. Kovacs, K.F. (2010): Cost of potential emerald ash borer damage in U.S. communities, 2009–2019. In: Ecological Economics, Vol. 69 (2010), S. 569 ff.

362. FAO (2006): Global Forest Resources Assessment. Progress towards sustainable forest management. Rom: FAO, S. 68.

363. Schröder, T. (2014): Gefahr durch den Asiatischen Laubholzbockkäfer (ALB) und den Citrusbockkäfer (CLB) – Aktuelles zum Auftreten und den Bekämpfungsrichtlinien. In: Jahrbuch der Baumpflege 2013. Deutsche Baumpflegetage: Hamburg, S. 203 ff.

364. FAO (2006): Global Forest Resources Assessment. Progress towards sustainable forest management. Rome: FAO, S. 69.

365. Berenbaum, M. (2009): Insect Biodiversity – Millions and millions. In: Foottit, R.G.; Adler, P.H. (Hg.): Insect Biodiversity. Science and society. Chichster: Wiley & Sons, S. 576 ff.

366. Wilson E.O. (1988): The current state of biological diversity. In: Wilson E.O. (Hg.): editor Biodiversity. Washington: Washington National Academic Press, S. 4 ff.

367. Sutton, S.L.; Collins, N.M. (1991): Insects and tropical forest conservation. In: The Conservation of insects and their Habitats. London: Academic Press, S. 405-424. Und: Townsend, C.R. et al. (2002): Ökologie. Heidelberg/Berlin: Springer Verlag, 2nd edition, S. 434.

368. Kupca, A.M. (2009): Ixodus ricinus (Ixodidae): Saisonale Aktivität und natürliche Infektionen mit dem FSME-Virus an ausgewählten Standorten in Bayern. In: Dissertation Ludwig-Maximilian Universität zu München, S. 6.

369. Einen guten Überblick über Studien zu den Auswirkungen der Klimaerwärmung auf die Qualität der natürlichen Lebensräume mit besonderer Berücksichtigung der Insektenbiotope gibt Camille Parmesan (2006). Einige der nachstehenden zitierten Studien wurden hier entnommen. Parmesan, C. (2006): Ecological and Evolutionary Responses to Recent Climate Change. In: Annual Review of Ecology, Evolution, and Systematics, Vol. 37, S. 637-669.

370. Bradley, N. L. et al. (1999): Phenological changes reflect climate change in Wisconsin. In: Proc. Natl. Acad. Sci. USA, Vol. 96, S. 9701 ff.

371. Gibbs J. P., Breisch A. R. (2001): Climate warming and calling phenology of frogs near Ithaca, New York, 1900-1999. In: Conserv. Biol., Volume 15, S. 1175 ff.

372. Crick H. Q., Dudley C., Glue D. E. (1997): UK birds are laying eggs earlier. In: Nature, No. 388, S. 526.

373. Forister M. L., Shapiro A. M. (2003): Climatic trends and advancing spring flight of butterflies in lowland California. In: Glob. Change Biol. No. 9, S. 1130 ff.

374. Wissenschaftlicher Beirat der Bundesregierung Globale Umweltveränderungen WBGU (2011): Welt im Wandel. Gesellschaftsvertrag für eine Grosse Transformation. Berlin: WBGU, S. 38 f.

375. World Wide Fund for Nature WWF (2014): Auswirkungen des Klimawandels auf Arten weltweit. Hintergrundinformationen. WWF, S. 1.

376. Paulson, D. R. (2001): Recent odonata records from southern Florida: effects of global warming? In: Int. J. Odonatol. No. 4, S. 57 ff.

377. Franco, A. M. A. et al. (2006): Impacts of climate warming and habitat loss on extinctions at species' low-latitude range boundaries. In: Clobal Change Biology (2006), No. 12, S. 1545 ff.

378. Parmesan, C. (1996): Climate and species' range. In: Nature, No. 382, S. 765 f.

379. Descimon, H. et al. (2006): Decline and extinction of *Parnassius apollo* populations in France – continued. In: Kuhn, E.; Feldman, R.; Settele, J.: Studies on the Ecology and Conservation of Butterflies in Europe. Sofia, Bulgaria: Pensoft.

380. Thomas, C. D. et al. (2001): Ecological and evolutionary processes at expanding range margins. In: Nature, No. 411, S. 577 ff.

381. Zaller, J. G. et al. (2014): Future rainfall variations reduce abundances of aboveground arthropods in model agroecosystems with different soil types. In: Front Environ. Sci. 2:44. Doi:10.3389/fenvs.2014.00044.

382. BMELV (2007): Agrobiodiversität erhalten, Potentiale der Land-, Forst- und Fischerreiwirtschaft erschliessen und nachhaltig nutzen. Bonn: BMELV, S. 12.

383. Harrington R., Woiwod, I., Sparks, T. (1999): Climate change and trophic interactions. In: Trends Ecol. Evol., No. 14, S. 146 ff.

384. Deutsches Umweltbundesamt (O.J.): Durch Umweltschutz die biologische Vielfalt erhalten. Bonn: Deutsches Umweltbundesamt, S. 62 ff.

385. Umweltbundesamt (2013): Beobachteter Klimawandel. 23.07.2015. www.umweltbundesamt.de/themen/klima-energie/klimawandel/beobachteter-klimawandel (Zugriff: 4.11.2015).

386. Umweltbundesamt (2013): Zu erwartende Klimaänderungen bis 2100. 25.07.2013. www.umweltbundesamt.de/themen/klima-energie/klimawandel/zu-erwartende-klimaaenderungen-bis-2100 (Zugriff: 4.11.2015).

387. Carrington, L. B. et al. (2013): Effects of Fluctuating Daily Temperatures at Critical Thermal Extremes on Aedes aegypti Life-History Traits. In: Plos One, Vol. 8, Issue 3, S. 3 ff.

388. Müller-Motzfeld, G. (2007): Klimawandel und Faunenveränderung bei Insekten. In: Gemeinsame Tagung des NABU-BFA Entomologie mit dem LFA Entomologie Berlin/Brandenburg sowie den Berliner entomologischen Fachgruppen, dem Entomologischen Verein Orion und dem Naturkundemuseum der Humboldt-Universität vom 13.-14. Oktober 2007, S. 2.

389. Meise, Th. (2003): Monitoring der Resistenzentwicklung des Maiszünsler (*Ostrinia nubilalis*, Hübner) gegenüber Bt-Mais. Dissertation Universität Göttingen, S. 9.

390. Zimmermann, O. et al. (2014): Die Bekämpfung von bivoltinen Maiszünsler Populationen – ein Fazit aus Forschung & Praxis. In: 59. Deutsche Pflanzenschutztagung „Forschen – Wissen - Pflanzen schützen: Ernährung sichern!" 23.

bis 26. September 2014, Freiburg, S. 485.

391. Klasen. J. et al. (2008): Einfluss von Klimaänderungen auf vektorübertragende Krankheiten.In: Vortrag Umweltbundesamt, S. 7-9.

392. Mücke, H.-G. et al. (2009): Gesundheitliche Anpassung an den Klimawandel. Berlin: UBA, S. 7 ff.

393. Bundesamt für Naturschutz (BfN) (2011): Band 3: Wirbellose Tiere (Teil 1). In: Naturschutz und Biologische Vielfalt, Heft 70 (3), S. 453 ff.

394. Quelle: Eigene Darstellung

395. Stark, K. et al. (2009): Die Auswirkungendes Klimawandels. Welche neuen Infektionskrankheiten und gesundheitlichen Probleme sind zu erwarten? In: Bundesgesundheitsblatt, S. 1.

396. Klasen, J.; Schrader, G. (2011): Bettwanzen: Biologie des Parasiten und Praxis der Bekämpfung. In: Fortbildung für den öffentlichen Gesundheitsdienstes 2011, 23-25.03.2011, S. 27.

397. Bebber, D.P. et al. (2013): Crop pests and pathogens move polewards in a warming world. In: Nature Climate Change, Nr. 3, S. 985 ff.

398. Stöckli, S. et al. (2012): Einfluss der Klimaänderung auf den Apfelwickler. In: Schweizer Zeitschrift für Obst- und Weinbau, Nr. 19/12, S. 7 ff.

399. Sobczyk, T. (2014): Der Eichenprozesssionsspinner in Deutschland. In: BfN-Skripten, 365, S. 27 ff.

400. Porter, J.R., L. Xie, A.J. Challinor, K. Cochrane, S.M. Howden, M.M. Iqbal, D.B. Lobell, and M.I. Travasso (2014): Food security and food production systems. In: Climate Change 2014: Impacts, Adaptation, and Vulnerability. Part A: Global and Sectoral Aspects. Contribution of Working Group II to the Fifth Assessment Report of the Intergovernmental Panel on Climate Change [Field, C.B., V.R. Barros, D.J. Dokken, K.J. Mach, M.D. Mastrandrea, T.E. Bilir, M. Chatterjee, K.L. Ebi, Y.O. Estrada, R.C. Genova, B. Girma, E.S. Kissel, A.N. Levy, S. MacCracken, P.R. Mastrandrea, and L.L. White (eds.)]. Cambridge University Press, Cambridge, United Kingdom and New York, NY, USA, S. 500.

401. FAO (2017): The future of food and agriculture. Trends and Challenges. Rom, S. 57 ff.

402. Quelle: United Nations Population Devision (2013): World Population Prospects. The 2012 Revision. New York, S. XV.

403. FAO (2017): The Future of food and agriculture. Trends and challenges. Rom, S. 13.

404. United Nations Global Environment Programme (2012): GEO Global Environment Outlook, Bd. 5.,S. 8.

405. FAO (2017): The future of food and agriculture. Trends and challenges. Rom, S.14.

406. United Nations Departement of Economic and Social Affairs (2014): World Urbanization Prospects. The 2014 Revision. United Nations, S. 1.

407. Europäische Union (2012): Leitlinien für bewährte Praktiken zur Begrenzung, Milderung und Kompensierung der Bodenversiegelung. Luxemburg, S. 9.

408. FAO (2017): The future of food and agriculture. Trends and challenges. Rom, S.14.

409. Claudio Defila (2005): Phänologische Trends bei den Waldbäumen in der Schweiz | Phenological trends regarding the forest trees in Switzerland. In:

Schweizerische Zeitschrift fur Forstwesen, 2005/6, Vol. 156, No. 6, S. 208 ff.

410. FAO (2015): Status of the World's Soil Resources. Main Report. Rom, S. 52 ff.

411. Europäische Union (2012): Leitlinien für bewährte Praktiken zur Begrenzung, Milderung und Kompensierung der Bodenversiegelung. Luxemburg, S. 12.

412. Addendum (2017): Wir haben weniger Platz als sie denken. https://www.addendum.org/platzverbrauch/versiegelung-platzverbrauch/ (Zugriff: 4.7.2018).

413. Europäische Union (2012): Leitlinien für bewährte Praktiken zur Begrenzung, Milderung und Kompensierung der Bodenversiegelung. Luxemburg, S. 5.

414. Europäische Union (2012): Leitlinien für bewährte Praktiken zur Begrenzung, Milderung und Kompensierung der Bodenversiegelung. Luxemburg, S. 9.

415. Addendum (2017): Wir haben weniger Platz als sie denken. https://www.addendum.org/platzverbrauch/versiegelung-platzverbrauch/ (Zugriff: 4.7.2018).

416. Deutsche Bundesregierung (2012): Nationale Nachhaltigkeitsstrategie, Fortschrittsbericht 2012. Berlin, S. 70 f.

417. United Nations Global Environment Programme (2012): GEO Global Environment Outlook, Bd. 5. UN, S. 19.

418. FAO (2015): Status of the World's Soil Resources. Main Report. Rom, S. 53.

419. Ebenda, S. 54.

420. Gruissem, W. (2012): Nutzpflanzen – resistent, genügsam, ertragsreich. Referat Treffpunkt Science City, 6.5.2012, S. 2.

421. FAO (2013): FAO Statistical Yearbook 2013. World food and agriculture. Rom: FAO, S. 10.

422. Ebenda.

423. Gruissem, W. (2012): Nutzpflanzen – resistent, genügsam, ertragsreich. Referat Treffpunkt Science City, 6.5.2012, S. 7.

424. Statistisches Bundesamt (2014): Statisches Jahrbuch 2014. Wiesbaden: Statisches Bundesamt, S. 469.

425. Laimer, M., Maghuln, F. (2015): Entstehung und Zukunft unserer Nahrungspflanzen. In: Journal für Ernährungsmedizin 2015, 17 (2), S. 19.

426. Ebenda.

427. BMELV (2007): Agrobiodiversität erhalten, Potentiale der Land-, Forst- und Fischerreiwirtschaft erschliessen und nachhaltig nutzen. Bonn: BMELV, S. 12.

428. Zitiert in: Zukunftsstiftung Landwirtschaft (2013): Wege aus der Hungerkrise. Berlin, S. 11. Originalzitat aus: International Assessment of Agricultural Knowledge, Science and Technology for Development (2009): Agriculture at a Crossroads, Global Report. Washington, D.C., S. 284.

429. Gruissem, W. (2012): Nutzpflanzen – resistent, genügsam, ertragsreich. Referat Treffpunkt Science City, 6.5.2012., S. 4.

430. Bundesamt für Naturschutz (2017): Agrar Report 2017. Bonn, S. 9.

431. Droeschmeister et al (2012): Landwirtschaftspolitik der EU muss umweltfreundlicher werden. In: Der Falke, Nr. 59, S. 316.

432. Bundesamt für Naturschutz (2017): Agrar Report 2017. Bonn, S. 9.

433. Doxa, A. et al (2012): Preventing biotic homogenization of farmland bird communities: The role of High Nature Value farmland. In: Agriculture, Ecosystems and Environment 148, S. 85 ff.

434. Bundesamt für Naturschutz (BfN) (2011): Band 3: Wirbellose Tiele (Teil 1). In: Naturschutz und Biologische Vielfalt, Heft 70 (3), S. 405.

435. FAO (2015): FAO, Statistics Division 2015. Rom. http://faostat.fao.org/site/567/desktopdefault.aspx#ancor (Zugriff: 3.11.2015).

436. Meissle, M. et al. (2009): Pests, pesticide use and alternative options in European maize production: current status and future prospects. In: Journal of Applied Entomology, Vol. 134. Blackwell Verlag, S. 363 f.

437. Gaspers, C. (2009): The European corn borer (*Ostrinia nubilalis,* Hbn.), its susceptibility to the Bt-toxin Cry1F, its pheromone races and its gene flow in Europe in view of an Insect Resistance Management. Dissertation Universität Aachen, S. 1.

438. Baufeld, P.; Unger, J.-G.; Heimbach, U. (2011): Westlicher Maiswurzelbohrer. Informationsblatt des JKI. Braunschweig: Julius Kühn-Institut, S. 1.

439. Entrup, N. L.; Kivelitz, H. (2010): Bedeutung des Maisanbaus für die Landwirtschaft. In: Fachtagung 18.2.2010. Hannover: Niedersächsischer Landesbetrieb für Wasserwirtschaft, Küstenschutz und Naturschutz, S. 9. Und: Statistisches Bundesamt (2014): Statistisches Jahrbuch 2014. Wiesbaden: Statistisches Bundesamt, S. 482 ff.

440. Wiggenhorn, R. (2015): Auftreten tierischer Schädlinge in Mais und Strategien zur Bekämpfung. In: Fachtagung des Deutschen Maiskomitees e.V. (DMK) am 20. Oktober 2015 in Saerbeck. Saerbeck: Deutsches Maiskomitee, S. 10.

441. Freier, B.; Wendt, C.; Neukampf, R. (2015): Zur Befallssituation des Maiszünslers (*Ostrinia nubilalis*) und Westlichen Maiswurzelbohrers (*Diabrotica virgifera virgifera*) in Deutschland und deren Bekämpfung. In: Journal für Kulturpflanzen, 67 (4). Stuttgart: Verlag Eugen Ulmer KG, S. 113.

442. Ebenda.

443. Reichholf, J.H. (2017): Das Verschwinden der Schmetterlinge. Deutsche Wildtier Stiftung. Hamburg, S. 27.

444. Global 2000 (2015): Bodenatlas 2015. Global 2000, Wien, S. 19.

445. Braun, S.; Flückiger, W. (2004): Bodenversauerung in Waldbeobachtungsflächen der Schweiz. In: Bulletin BGS (2004), Nr. 27, S. 59-62. Zitiert in: Deutsches Umweltbundesamt (O.J.): Durch Umweltschutz die biologische Vielfalt erhalten. Berlin: Deutsches Umweltbundesamt, S. 28.

446. Food and Agriculture Organization FAO (2013): FAO Statistical Yearbook 2013. World food and agriculture. Rom: FAO, S. 204.

447. Food and Agriculture Organization FAO (2010): Global Forest Resources Assessment 2010. Rom, S. 17.

448. Naturschutzbund Deutschland (NABU) (2008): Waldwirtschaft 2020. Perspektiven und Anforderungen aus Sicht des Naturschutzes. Berlin: NABU, S. 6.

449. Food and Agriculture Organization FAO (2015): Global Forest Resources Assessment 2015. How are the world s forest cahinging. Rom, S. 3.

450. Deutsches Umweltbundesamt (O.J.): Durch Umweltschutz die biologische Vielfalt erhalten. Berlin: Deutsches Umweltbundesamt, S. 53.

451. Ein Beispiel: In einer still gelegten Braunkohleabbaustätte in Ostdeutschland konnten grössere Zahlen der als ausgestorben bewerteten Bienenart *Lasioglossum majus* gefunden werden. Vgl. Bleidorn, C. et al (2016): Die Stechimmenfauna (Hymenoptera, Aculeata) der Halde Trages bei Leipzig. In: Ampulex, Nr. 8, 2016, Dr. Christian Schmid-Egger, Berlin, S. 12.

452. Lowe S., Browne M., Boudjelas S., De Poorter M. (2000): 100 of the World's Worst Invasive Alien Species. A selection from the Global Invasive Species Database. Published by The Invasive Species Specialist Group (ISSG), a specialist group of the Species Survival Commission (SSC) of the World Conservation Union (IUCN), 12pp. First published as special lift-out in Aliens 12, December 2000. Updated and reprinted version: November 2004, S. 3.

453. Witte, V. (2014): Invasive Ameisen: Superkolonien – super Dominanz. In: Rundgespräche der Kommission für Ökologie, Bd. 43 »Soziale Insekten in einer sich wandelnden Welt«. Verlag Dr. Friedrich Pfeil, München, S. 125.

454. Cremer, S. (2017): Invasive Ameisen in Europa: Wie sie sich ausbreiten und die heimische Fauna verändern. In: Rundgespräche Forum Ökologie, Bd. 46 »Tierwelt im Wandel – Wanderung, Zuwanderung, Rückgang«, S. 105 ff.

455. Cremer, S. (2012): Die vernachlässigte Ameise, *Lasius neglectus*, in einem fränkischen Mehrfamilienhaus. In: Pest Control News Nr. 50, April 2012, S. 21.

456. Barrera Medina, R., Vidal Munoz, C. (2013): Primer reporte de *Vespula vulgaris* en Chile. In: Boletin de la Sociedad Entomologica Aragonesa (S.E.A.), Nr. 52, 30.6.2013, S.E.A., S. 277.

457. Lester, P.J.. et al (2017): The long-term population dynamics of common wasps in their native and invaded range. In: Journal of Animal Ecology 2017, Vol. 86, British Ecological Society, S. 317.

458. Invasive Species Specialist Group IUCN/SSC (2013): Aliens, the invasive species bulletin, Nr. 22, S. 38 ff.

459. Rochlin, I. et al. (2016): Anthropogenic impacts on mosquito populations in North America over the past century. In: nature Communications, 6.12.2016, DOI: 10.1038/ncomms13604, S. 2.

460. Ebenda, S. 2 ff.

461. Thogmartin, W.E. et al. (2017): Monarch butterfly population decline in North America: identifying the threatening processes. R.Soc.open.sci. 4: 170760. http://dx.doi.org/10.1098/rsos.170760, S. 2.

462. Hidetoshi, I. et al. (2016): Linking the continental migratory cycle of the monarch butterfly to understand its population decline. In: Oikos 125, S. 1081-1091, Doi: 10.1111/oik.03196, S. 1082 ff.

463. Thogmartin, W.E. et al. (2017): Monarch butterfly population decline in North America: identifying the threatening processes. R.Soc.open.sci. 4: 170760. http://dx.doi.org/10.1098/rsos.170760, S. 2.

464. Burkle, L.A., Marlin, J.C., Knight, T.M. (2013): Plant-Pollinator Interactions over 120 years: Loss of Species, Co-Occurrence, and Function. In: Science, Vol. 339, 29.3.2013, S. 1611 ff.

465. COSEWIC (2016): COSEWIC assessment and status report on the Nine-spotted Lady Beetle Coccinella novemnotata in Canada. Committee on the Status of Endangered Wildlife in Canada. Ottawa, S. V f.

466. European Environment Agency (2015): The European Grassland Butterfly Indicator: 1990–2013, S. 37.

467. Pateman, R.M. et al (2012): Temperature-Dependent Alterations in Host Use Drive Rapid Range Expansion in a Butterfly. In: Science, Vol. 336, 25.5.2012, doi: 10.1126/science.1216980, S. 1028 ff.

468. Dirzo, R. et al (2014): Defaunation in the Anthropocene. In: Science, Vol. 345, DOI: 10.1126/sciene.1251817, S. 401 f.

469. De Vlinderstichting (2018): De Vlinderstichting in 2017. Jaarverslag 2017, S. 15 ff.

470. Brooks, D.R. et al (2012): Large carabid beetle declines in a United Kingdom monitoring network increases evidence for a widespread loss in insect biodiversity. In: Journal of Applied Ecology 2012, Vol. 49. S. 1009 ff.

471. Schuch, S. (2011): Long-term development of different grassland insect communities in Central Europe since the 1950s. Dissertation Universität Göttingen, S. 23.

472. Scheuchl, E. & Schwenninger, H.R. (2015): Kritisches Verzeichnis und aktuelle Checkliste der Wildbienen Deutschlands (Hymenoptera, Anthophila) sowie Anmerkungen zur Gefährdung. – Mitt. Ent. Ver. Stuttgart 50 (1).

473. Ebenda.

474. Sorg, M., Schwan, H., Stenmans, W. & Müller, A. (2013): Ermittlung der Biomassen flugaktiver Insekten im Naturschutzgebiet Orbroicher Bruch mit Malaise-Fallen in den Jahren 1989 und 2013. – Mitt. Entomolog. Verein Krefeld 1: 1–5. Auch: Hallmann, C.A. et al (2017): More than 75 percent decline over 27 years in total flying insect biomass in protected areas. In: Plos One 12 (10), Oktober 2017. S. 1 ff.

475. Reichholf, J.H. (2017): Das Verschwinden der Schmetterlinge. Deutsche Wildtier Stiftung. Hamburg, S. 20 ff.

476. Ebenda, S. 58.

477. Ebenda, S. 20.

478. Ebenda, S. 58.

479. Ebenda.

480. Ebenda, S. 23.

481. Cordillot, F., Klaus, G. (2011): Gefährdete Arten in der Schweiz. Synthese Rote Listen, Stand 2010. Bundesamt für Umwelt, Bern. S. 7.

482. Bundesamt für Naturschutz (2011): Naturschutz und Biologische Vielfalt, Heft 70 (3): Rote Liste der gefährdeten Tiere, Pflanzen und Pilze Deutschlands. Band 3: Wirbellose Tiere (Teil 1). Bonn-Bad Godesberg, S. 16.

483. Ebenda.

484. Vié, J.-C., Hilton-Taylor, C., Stuart, S.N. (Hrsg.) (2009): Wildlife in a Changing World – An Analysis of the 2008 IUCN Red List of Threatened Species. Gland, Switzerland: IUCN, S. 17.

485. COSEWIC (2015): COSEWIC assessment and status report on the Yellow-banded Bumble Bee Bombus terricola in Canada. Committee on the Status of Endangered Wildlife in Canada, Ottawa, S. III ff.

486. COSEWIC (2016): Canadian Wildlife Species at Risk. Committee on the Status of

Endangered Wildlife in Canada. S. 2.

487. Szymanski, J. et al (2016): Rusty Patched Bumble Bee (Bombus affinis) Species Status Assessment. Final Report, Version 1, June 2016. U.S. Fish and Wildlife Services. S. 98 ff.

488. U.S. Fish&Wildlife Service (2018): ECOS Environmental Conservation Online System, Listed Species Reports: Invertebrate Animals. https://ecos.fws.gov/ecp/species-reports (Zugriff: 21.6.2018).

489. Bundesamt für Naturschutz (2011): Naturschutz und Biologische Vielfalt, Heft 70 (3): Rote Liste der gefährdeten Tiere, Pflanzen und Pilze Deutschlands. Band 3: Wirbellose Tiere (Teil 1). Bonn-Bad Godesberg, S. 16.

490. Department of Sustainability and Environment (2009): Advisory list if threatened invertebrate fauna in Victoria. 2009. Department of Sustainability and Environment, East Melbourne, Victoria, S. 6.

491. IUCN Bangladesh (2015): Red List of Bangladesh. Volume 7: Butterflies. IUCN, International Union for Conservation of Nature, Bangladesh Country Office, Dhaka, Bangladesh, S. 37.

492. WCS (2016): National Threatened Species for Uganda, S. 8.

493. Nieto, A. et al (2014): European Red List of Bees. IUCN. International Union for Conservation of Nature. Luxembourg, S. 10 f.

494. IUCN. International Union for Conservation of Nature (2018), Brüssel. 2018/57. S. 4.

495. Kalkmann, V.J. et al (2010): European Red List of Dragonflies. International Union for Conservation of Nature. Luxembourg, S. 9 f.

496. Swaay, von, C. et al: European Red List of Butterflies. European Red List of Dragonflies. International Union for Conservation of Nature. Luxembourg, 2010. S. 9 f.

497. Schweizerisches Bundesamt für Umwelt (2012): Rote Listen Eintagsfliegen, Steinfliegen, Köcherfliegen. Bern, S. 20.

498. Schweizerisches Bundesamt für Umwelt (2011): Gefährdete Arten in der Schweiz. Bern, S. 51. Und: Schweizerisches Bundesamt für Umwelt (2014): Rote Liste der Tagfalter und Widderchen. Bern, S. 32 ff.

499. Schweizerisches Bundesamt für Umwelt (2011): Gefährdete Arten in der Schweiz. Bern, S. 51.

500. Ebenda.

501. Österreichisches Umweltbundesamt (2005): Rote Listen gefährdeter Tiere Österreichs. Teil 1. Böhlau Verlag. Wien, S. 199.

502. Österreichisches Umweltbundesamt (2007): Rote Listen gefährdeter Tiere Österreichs. Teil 2. Böhlau Verlag. Wien, S. 313 ff.

503. Ebenda, S. 291 ff.

504. Ebenda, S. 167.

505. Ebenda, S. 41.

506. Ebenda, S. 19.

507. Bundesamt für Naturschutz (BfN) (2011): Rote Liste gefährdeter Tiere, Pflanzen und Pilze Deutschlands. Band 3: Wirbellose Tiere (Teil 1). Bundesamt für Naturschutz. Bonn-Bad Godesberg, S. 58 ff. Ab den Schmetterlingsmücken:

Bundesamt für Naturschutz (BfN) (2016): Rote Liste gefährdeter Tiere, Pflanzen und Pilze Deutschlands. Band 4: Wirbellose Tiere (Teil 1). Bundesamt für Naturschutz. Bonn-Bad Godesberg, S. 25 ff.

508. Ebenda.

509. Dullingera, S.; Esslb, F. u. a. (2007): Europe's other debt crisis caused by the long legacy of future extinctions. In: Proceedings of the National Academy of Sciences of the United States of America (PNAS), Volume 110, No. 18., S. 7342 ff.

510. Wilson, E. O. (1997): Der Wert der Vielfalt, Die Bedrohung des Artenreichtums und das Überleben des Menschen. München: Piper Verlag, S. 171.

511. Reckhaus, H.-D. (2019): Insect Respect. Das Gütezeichen für mehr Nachhaltigkeit im Umgang mit Insekten. 8. aktualisierte Auflage. Bielefeld, Gais: Insect Respect, S. 8 ff.

Warum jeder Austausch zählt

Danksagung zur 1. Auflage, 2016

2012 dachte ich zum ersten Mal über den Wert von Insekten nach. Frank und Patrik Riklin konfrontierten mich als Biozid-Hersteller mit der Frage: „Wie viel Wert hat eigentlich eine Fliege?" Die beiden Künstler trafen mich mitten ins Herz, wofür ich ihnen immer dankbar bleiben werde. Ich stellte unsere Insektenbekämpfungsprodukte in Frage und fing begeistert an, mich mit der Nützlichkeit und der Bedrohung von Insekten zu beschäftigen.

Als ausgebildeter Ökonom stiess ich bei den entomologischen Zusammenhängen oft an meine Grenzen. Glücklicherweise konnte ich den Biologen Stephan Liersch um Rat fragen, mit dem ich schon lange zusammen arbeitete. Ich bin sehr dankbar dafür, dass er als Insektenliebhaber akribisch meine Aufzeichnungen studierte und mich auf zahlreiche Fehler im Skript der 1. Auflage aufmerksam machte.

Die Überführung des Manuskriptes in eine Buchfassung konnte mir ebenfalls nicht allein gelingen. Die Nachhaltigkeitsspezialistin Tina Teucher formte als Lektorin nicht nur die Sprache im Text, stellte alle Bilder zusammen und überprüfte und vereinheitlichte die Anmerkungen. Sie hatte auch die Idee für den wunderbaren Buchtitel und das Fazit im vierten Kapitel. Aufgrund ihrer aufwendigen Recherchearbeit zu vielen Details wiess sie mich ebenfalls auf zahlreiche Fehler hin. Vielen Dank für die grossartige Zusammenarbeit.

Ohne meine Frau Julianne wäre das Buch viel fragmentarischer geworden. Herzlichen Dank für ihre Motivation, mir noch mehr Zeit für das Thema zu nehmen sowie für viele sprachliche Korrekturen.

Für das eindrucksvolle Vorwort möchte ich Dr. Hans Rudolf Herren ganz besonders danken. Ich schätze es sehr, dass Hans Herren und seine Biovision – Stiftung für ökologische Entwicklung unsere Arbeit unterstützen.

Danken möchte ich auch meinem Bruder Arne Kraeft sowie allen Mitarbeitern in Bielefeld und Gais, insbesondere Silvia Oertle. Sie hielten mir im Unternehmen den Rücken frei.